Mentoring im Talent Management

Ute Rademacher · Ulrike Weber

Mentoring im Talent Management

Win-win-Programme für Mitarbeiter und Unternehmen

Springer Gabler

Ute Rademacher
Psychology & Management
International School of Management
Hamburg, Deutschland

Ulrike Weber
International Management /
Psychology & Management
International School of Management
Hamburg, Deutschland

ISBN 978-3-658-16583-3 ISBN 978-3-658-16584-0 (eBook)
DOI 10.1007/978-3-658-16584-0

Die Deutsche Nationalbibliothek verzeichnet diese Publikation in der Deutschen Nationalbibliografie; detaillierte bibliografische Daten sind im Internet über http://dnb.d-nb.de abrufbar.

Springer Gabler

Springer Gabler ist Teil von Springer Nature
Die eingetragene Gesellschaft ist Springer Fachmedien Wiesbaden GmbH
Die Anschrift der Gesellschaft ist: Abraham-Lincoln-Str. 46, 65189 Wiesbaden, Germany

Geleitwort von Christian Riekel

Mentoring, die vielleicht älteste Form der Personalentwicklung, ist gerade jetzt äußerst aktuell. In einem Umfeld, das geprägt ist durch Digitalisierung, Nachwuchskräftemangel, Diversity und sich verändernde Formen der Zusammenarbeit, hat sich diese beziehungsorientierte Form der Personalentwicklung als **das** Schlüsselinstrument im Talent Management erwiesen, besonders bei unserer Identifikation und Förderung bislang zu wenig beachteter weiblicher Talente. Mentoring ist jedoch für die ganze Organisation von Nutzen, nicht nur für Mentees, da sich alle Beteiligten, Mentoren, Vorgesetzte der Mentees und Kollegen für strategisch wichtige Unternehmensziele wirksam öffnen.

Voraussetzung für gelungene Mentoring-Programme ist meiner Erfahrung nach aber eine strukturierte und zielführende Vorbereitung und Begleitung durch HR, ohne die ein solches Programm schnell zur wirkungslosen Bühne für Selbstdarstellung werden kann und keine nachhaltige Wirkung zeigt. Gut gemeint reicht nicht; gut gemeint ist auch hier das Gegenteil von gut!

In diesem praktischen Übersichtswerk von Ute Rademacher und Ulrike Weber werden genau diese Anforderungen an die erfolgreiche Gestaltung eines Mentoring-Programms erfüllt. Die Leserinnen und Leser werden systematisch durch die Vorbereitung und organisatorische Einführung eines Mentoring-Programms geführt. Besonderes Augenmerk gilt der Generation Y, deren Gewinnung und Bindung das Rückgrat für die Erfüllung strategischer Ziele bildet. Der Praxisleitfaden überzeugt durch anwendungsorientierte Tipps und Best-Practice-Wissen aus erfolgreich umgesetzten Mentoring-Programmen. Durch die praktischen Werkzeuge, die sofort eingesetzt werden können, und fundiertes Wissen aus Theorie und Praxis der Bereiche HR, Kommunikation und Psychologie trägt dieser Leitfaden dazu bei, dass gut gemeint auch gut wird.

Christian Riekel
Leiter Personal Nord/Süddeutschland und
Chief Diversity Officer AXA Deutschland

Vorwort

Die digitale Revolution, Mangel an qualifizierten Arbeitskräften, gelebte Vielfalt nicht nur in den Führungsetagen der Unternehmen: Alle Arbeitgeber, ob KMUs, Großunternehmen, NGOs oder öffentliche Träger, stehen aktuell vor großen organisatorischen Herausforderungen. Um strategische Ziele zu erreichen und das Überleben in dieser sich rasant verändernden Arbeitswelt zu sichern, hat sich nachhaltiges Talent Management als unabdingbar erwiesen. Die Fähigkeit von Unternehmen und Organisationen, Talente anzuziehen, richtig einzusetzen, zu entwickeln und zu halten, ist die Grundvoraussetzung dafür, auch in Zukunft innovative Produkte und Dienstleistungen zu entwickeln und auf den Markt bringen zu können. Wie kann dies gelingen?

Die älteste Form, die Entwicklung von besonders geeigneten Personen organisatorisch zu fördern, ist hier neu gefordert: Mentoring. Der informelle Austausch zwischen senioren und noch wenig erfahrenen Personen ist in der Praxis vielfach erprobt und für unterschiedliche Zielgruppen geeignet. Mentoring-Programme bieten allen Beteiligten, Mentoren, Mentees und Unternehmen, unzählige Vorteile. Sie motivieren nicht nur Mentees, sondern auch Mentoren, sich beruflich und persönlich weiter zu entwickeln, und stärken die Bindung zum Unternehmen. Und gerade die jungen Talente der Generation Y schätzen es, wenn Arbeitgeber ihnen neben der fachlichen Kompetenzerweiterung auch Möglichkeiten anbieten, das Selbstkonzept zu stärken, die ungeschriebenen Gesetzte des Unternehmens kennenzulernen, soziale Kompetenzen auszubauen und Netzwerke zu bilden, um nur einige Beispiele zu nennen. In vielen Unternehmen bestehen jedoch „Verunsicherungen“ zwischen den erfahrenen Mitarbeiterinnen und Mitarbeitern, die ihre Expertise weitergeben könnten. Junge Talente haben ihre eigenen Vorstellungen davon, was Karriere für sie persönlich bedeutet und wie sie diese im Unternehmen erreichen wollen. Vorstellungen von Verbindlichkeit und Flexibilität sowie der Umgang mit Kommunikation und Medien haben sich in den letzten Jahren drastisch verändert. Voneinander abweichende Werte und Erwartungen machen es im beruflichen Alltag manchmal schwer, dass „weise Ältere“ und „Grünschnäbel“ wechselseitig voneinander lernen und ihre Unterschiedlichkeit als gegenseitige Bereicherung erkennen.

Hier kann Mentoring als gesteuerte Begegnung zwischen den „alten Hasen“ und den jungen Talenten Abhilfe schaffen. Doch so einfach die Grundidee des Mentoring ist, so komplex und aufwendig kann die Umsetzung erfolgsversprechender Mentoring-Programme sein. Dieser Praxisleitfaden unterstützt Sie darin, das Talent Management in Ihrem Unternehmen um Mentoring zu bereichern und von den Stärken von Mentoring für die Entwicklung Ihrer Talent Pipeline zu profitieren. Es zeigt die positiven Effekte von Mentoring nicht nur auf die Entwicklung von Mitarbeiterinnen und Mitarbeitern, sondern auf alle Phasen des Employee Life Cycle. Dieser Praxisleitfaden führt Sie Schritt für Schritt von der Einordnung von Mentoring in Ihrem Unternehmen sowie der Gewinnung organisatorischer Unterstützung bis hin zu einem Fahrplan für die gelungene Umsetzung und Evaluation. Sie erhalten Leitlinien und Checklisten dafür, wie in Ihrem Unternehmen das Matching geeigneter Mentoren mit talentierten Mentees gelingt. Zur Steuerung des Prozesses bekommen Sie im Toolkit vielfältige, in eigenen Projekten erprobte Infoblätter, Vorlagen, Beispiele und Arbeitswerkzeuge. Darüber hinaus erhalten Sie eine Einführung in die Kompetenzen, die Mentoren in den Gesprächen mit den Mentees benötigen. Prinzipien und Techniken der psychologischen Gesprächsführung werden ebenso erläutert wie Strategien für das Setzen wirksamer Ziele und das gemeinsame Entwickeln von Lösungen. Auch wenn ein Praxisleitfaden keine persönliche Schulung ersetzen kann, gibt das vorliegende Buch Ihnen verständlich beschriebene kommunikative Tools und Techniken an die Hand, welche Sie in Trainings bei Bedarf individuell vertiefen können. Das Buch geht dabei speziell auf die Bedürfnisse und Erwartungen der Generation Y ein und stellt anhand konkreter Beispiele vor, wie Ihnen Mentoring besonders dieser jungen Talente in Ihrem Unternehmen gelingt.

Wir möchten uns bei allen Menschen bedanken, die uns unterstützt haben, dieses Buch zu verfassen: die Mentorinnen und Mentoren, die unsere berufliche und persönliche Entwicklung durch ihr Feedback und ihre Anregungen mit geformt haben, Freunde und Familie, ehemalige und jetzige Kolleginnen und Kollegen und Studierende sowie Irene Buttkus und ihr Team bei der sorgfältigen Begleitung auf unserer Reise vom ersten Entwurf bis zu dem Buch, das Sie nun in den Händen halten. Wir hoffen, dieser kompakte und doch umfassende

Praxisleitfaden bietet ein perfektes Match mit Ihrem Interesse an Mentoring, und wünschen Ihnen viel Erfolg dabei, Ihr Unternehmen zu einer nachhaltigen Talentschmiede zu machen. Wir freuen uns über Ihre Rückmeldungen und Erfahrungsberichte!

Hamburg
im April 2017

Ute Rademacher
Ulrike Weber

Inhaltsverzeichnis

1 Mentoring: eine Win-win-Situation für alle Beteiligten 1

2 Unterstützung des Talent Management durch Mentoring 7
2.1 Mentoring im Employee Life Cycle. 7
2.2 Nutzen von Mentoring im War for Talent 8
2.3 Onboarding: Integration neuer Mitarbeiter in die Unternehmenskultur 9
2.4 Entwicklung der Mentees. 12
2.4.1 Psychosoziale Entwicklung 13
2.4.2 Karriereplanung 17
2.5 Engagement 22
2.6 Employee Retention. 23
2.7 Veränderung und Exit. 24
2.8 Mentoring und Coaching 25

3 Formen des Mentoring 27
3.1 Formelles oder informelles Mentoring. 27
3.2 Top-down-, Bottom-up- und Peer-Mentoring 29
3.3 Internes oder externes Mentoring. 31
3.4 Eigenständiges Mentoring-Programm 31
3.5 Persönliche Treffen oder E-Mentoring. 32
3.6 Begleitung durch Externe oder Inhouse-Durchführung. 33
3.7 Einzel- oder Gruppenmentoring. 34

4 Mentoring im Unternehmen einführen und erfolgreich etablieren. 35
4.1 Ein geeignetes Konzept entwickeln 35
4.1.1 Organisatorische und personelle Bedarfe erheben 36

4.1.2 Unterstützung durch das Top-Management gewinnen 40
4.1.3 Realistische Ressourcenplanung erstellen 41
4.1.4 Kommunikation zielgruppengerecht gestalten........... 44
4.1.5 Mentoring von anderen HR-Prozessen abgrenzen 46
4.2 Die richtigen Mentees finden: Die Mischung macht's........... 47
4.2.1 Formelle Kriterien 48
4.2.2 Eigenschaften, Persönlichkeitsmerkmale und Motive 48
4.3 Die richtigen Mentoren finden: Klasse statt Masse 50
4.3.1 Mentoren rekrutieren 50
4.3.2 Motivation von Mentorinnen und Mentoren 51
4.3.3 Die richtigen Mentorinnen und Mentoren auswählen 54
4.4 Matching: Tandems „made in heaven".......................... 56
4.4.1 Matching-Prozess festlegen 57
4.5 Das Mentoring-Programm erfolgreich managen 60
4.5.1 Vertraulichkeit und Informationsfluss vereinbaren 60
4.5.2 Erwartungen an das Tandem definieren 62
4.5.3 Länge des Programms, Häufigkeit und Art der Treffen vereinbaren....................... 62
4.5.4 Ein Rahmenprogramm organisieren.................... 64
4.5.5 Monitoring des Programms 66
4.6 Evaluation.. 67

5 Zielgruppenspezifisches Mentoring für die Generation Y 73
5.1 Hallo Generation Y!... 74
5.2 Anpassung des Mentoring an die Generation Y................ 78

6 Mentoring in Gesprächen gelungen gestalten 83
6.1 Das Mentoring vorbereiten.................................. 83
6.2 Mentoring-Treffen aktiv gestalten 89
6.2.1 Die Verantwortung der Mentoren...................... 90
6.2.2 Die Verantwortung der Mentees....................... 92
6.3 Methoden und Instrumente des Mentoring 93
6.3.1 Eine tragfähige Beziehung aufbauen 93
6.3.2 Konstruktiv Feedback geben 97
6.3.3 Durch aktives Zuhören verstehen...................... 101
6.3.4 Werkzeuge für das Entwickeln von Lösungen........... 102
6.3.5 Ein stimmiges Selbstkonzept fördern................... 104
6.3.6 Organisationale Beziehungen verdeutlichen 109
6.3.7 Handlungswirksame Ziele definieren................... 110
6.4 Das Mentoring beschließen 118

7 Toolkit: So gelingt Ihr Mentoring 121
7.1 Phasen des Mentoring-Tandems sind beispielhaft als Prozess dargestellt 121
7.2 Bewerbung: Fragebogen für Mentees 122
7.3 Checkliste: Selbstevaluation für Mentoren 123
7.4 Mentoring-Vertrag 124
7.5 Kurzinfo: Mentoring. 126

Literatur. 129

1 Mentoring: eine Win-win-Situation für alle Beteiligten

> Mentoring ist ein essenzielles Instrument des Talent Management, da eine gut gefüllte Talent Pipeline einen immer wichtigeren Faktor für den Unternehmenserfolg darstellt.

Mentoring als vielleicht älteste Form des informellen Lernens ist heutzutage als effektives Instrument der Personalentwicklung anerkannt. Der Begriff basiert auf dem Namen der Person Mentor, in dessen Obhut Odysseus während seiner Abwesenheit im Trojanischen Krieg seinen Sohn übergab (siehe Homer, Odyssee). Heute bedeutet Mentoring im Rahmen des Talent Management einen „individuellen Lernprozess, in dem eine erfahrene Person (Mentor oder Mentorin) eine weniger erfahrene Person (Mentee) über einen längeren Zeitraum in ‚Vier-Augen-Gesprächen' berät" (Schmid und Haasen 2011, S. 14) und durch diesen Austausch in seiner persönlichen und beruflichen Weiterentwicklung begleitet. Mentoring hat sich als Maßnahme in vielen Formen und unterschiedlichen Organisationsformen (Unternehmen, akademischer Kontext wie Schulen oder Hochschulen, soziale Einrichtungen) etabliert, und die Zahl der Organisationen mit Mentoring-Programmen steigt kontinuierlich (Cuerrier 2003). Ziel dieses Buches ist es, die **Rolle des Mentoring im Talent Management, die Besonderheiten für die Generation Y** und die **Implementierung formeller Mentoring-Programme** für diese Zielgruppe genauer zu beleuchten.

Warum Mentoring so populär ist

Die hohe Popularität von Mentoring bei Mitarbeitern und Mitarbeiterinnen und Organisationen könnte als Modeerscheinung abgetan werden. Dies wäre jedoch zu kurz gegriffen. Diese Popularität basiert nicht nur auf den persönlich wahrgenommenen Benefits, sondern auch auf der in vielen wissenschaftlichen Studien nachgewiesenen Wirksamkeit von Mentoring (Allen et al. 2004; CEB 2003; Tong und Kram 2013).

U. Rademacher und U. Weber, *Mentoring im Talent Management*,
DOI 10.1007/978-3-658-16584-0_1

Insofern lohnt es sich, bei der Beliebtheit und organisatorischen Erfolgsstory von Mentoring etwas genauer auf die Ursachen zu schauen. Dabei müssen zwei Ebenen in Betracht gezogen werden: die individuelle und die organisatorische. Auf ***individueller*** Ebene wird Mentoring mehrheitlich als einer der Top-10-Driver von beruflichem Erfolg identifiziert. So benennen CEOs von Fortune-500-Unternehmen in einer Umfrage Mentoring als den drittwichtigsten Beitrag zu ihrem beruflichen Erfolg (CE/MPI 1995). Mentoring rangiert nach persönlichen Eigenschaften wie Antrieb und Wertesystem auf Rang drei der zugeschriebenen Erfolgsfaktoren. Damit stellt Mentoring den wichtigsten ***organisatorischen,*** d. h. auf einer Personalentwicklungsintervention basierenden Erfolgsfaktor dar (vgl. Abb. 1.1).

Oft ist Mentoring auch kein singuläres Ereignis einer beruflichen Laufbahn. Erfolgreiche Führungskräfte haben oft mehrmals Mentoring im Verlauf ihrer Karriere, formell oder informell und auch mit unterschiedlichen Mentoren.

Auch auf ***organisatorischer*** Ebene hat sich Mentoring als Erfolgsstory fest verankert. So wird basierend auf der Einteilung von Lerninterventionen in die Kategorien

- Feedback- und beziehungsorientierte Verfahren
- Erfahrungsbasierte Verfahren
- Kognitiv basierte Verfahren

von Teilnehmenden an Entwicklungsprogrammen die Wirksamkeit von feedback- und beziehungsbasierten Maßnahmen wie Mentoring generell höher eingeschätzt als der Erfolg von erfahrungsbasierten Maßnahmen (z. B. Outdoor Training) und von klassischen kognitiven Lernprogrammen wie Seminaren (CEB 2005).

Ebenso zeigt sich, dass informelle im Sinne von „auf den Lernenden ausgerichtete und weniger standardisierte“ Lernsituationen wie Mentoring stärker zur Steige-

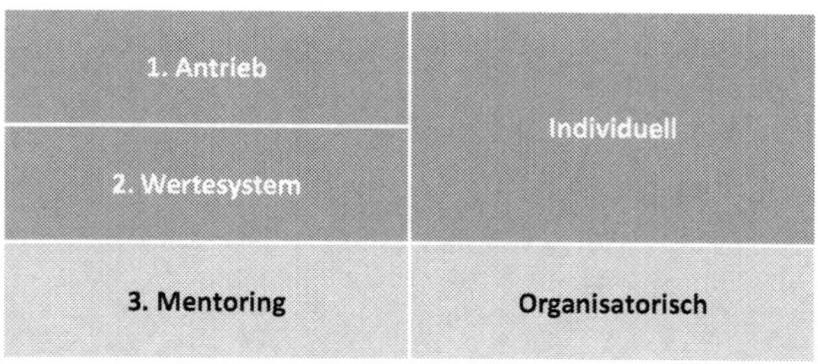

Abb. 1.1 Mentoring: einer der Top-Driver von beruflichem Erfolg. (Quelle: eigene Darstellung nach CE/MPI 1995)

rung von Leistung (CEB 2002) und des Engagements der Mitarbeiter (CEB 2004a) beitragen als standardisierte Maßnahmen oder Programme „von der Stange“.

Eine wichtige Rolle, besonders für Nachwuchskräfte, spielt natürlich die allseits gestellte Frage nach der **karrierefördernden** Wirkung von Mentoring. Diese kann durch mehrere Metaanalysen bejaht werden. So wurde nachgewiesen, dass Mentoring positiv mit Messgrößen des Karriereerfolgs zusammenhängen kann (Allen et al. 2004; Tonindandel et al. 2007). Dabei muss unterschieden werden nach objektiven und als subjektiv empfundenen Kriterien. Als **subjektive** Erfolgskriterien werden höhere Karriere- und Arbeitszufriedenheit und Aufstiegszuversicht nachgewiesen (Allen et al. 2004; Tonindandel et al. 2007). Als **objektive** Erfolgskriterien haben Teilnehmende von Mentoring-Programmen im Schnitt höhere Gehälter und werden öfter befördert. Allerdings sei an dieser Stelle betont, dass alle objektiven Kriterien in den Studien nachweisbar, aber nicht besonders stark ausgeprägt waren. Dies ist wichtig zu betonen, um vor überzogenen Erwartungen an ein Mentoring-Programm sowohl seitens der Teilnehmenden – besonders Nachwuchskräften – als auch seitens der Organisationen zu warnen. Mentoring ist weder der universelle Schlüssel zum beruflichen Erfolg noch der Garant für eine funktionierende Talent Pipeline, die den notwendigen Pool von Talenten und deren „Durchfluss“ durch die Organisation von Einsteigerpositionen bis zum Top-Management darstellt, um idealerweise alle Positionen kompetent zu besetzen (vgl. Abb. 1.2).

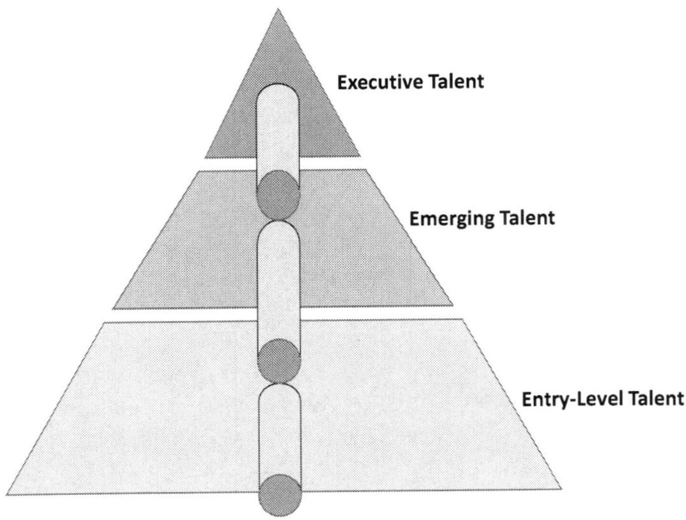

Abb. 1.2 Talent Pipeline. (Quelle: eigene Darstellung nach CIPD 2006)

Unabhängig von den wissenschaftlich und somit **objektiv** nachgewiesenen Effekten haben sich die **subjektiv** empfundenen positiven Effekte von Mentoring bei potenziellen Teilnehmenden und Organisationen als Mehrwert fest verankert. Daraus ergibt sich auch die besondere Rolle von Mentoring im Talent Management im Allgemeinen und speziell für Nachwuchskräfte. Die Popularität von Mentoring-Programmen gründet sich darauf, dass sie als Win-win-Situation für und von allen Beteiligten wahrgenommen werden – Mentees, Unternehmen/ Organisationen und Mentorinnen und Mentoren:

- **Unternehmen** gewinnen vielversprechende Nachwuchskräfte und stärken durch Mentoring als eine Form des „Talent Magnetismus" (Sattelberger 2013) deren fachliche und emotionale Bindung an die Organisation. Zudem bekennt sich das Unternehmen zur kontinuierlichen Weiterentwicklung seiner Mitarbeiterinnen und Mitarbeiter und signalisiert die Verlässlichkeit der gerade von jungen Talenten erwarteten Entwicklungsmöglichkeiten. Deswegen werden Mentoring-Programme auch als Signal nach außen eingesetzt, um sich im „War for Talent", dem sich allein durch die Demografie permanent verstärkenden Kampf um die besten Mitarbeiterinnen und Mitarbeiter, als attraktiver Arbeitgeber behaupten zu können.
- **Mentees** erhalten durch Mentoring die Chance, im Austausch mit einer erfahreneren Person anhand von konkreten Beispielen aus dem beruflichen Alltag zu lernen und sich fachlich und persönlich weiterzuentwickeln. Durch die Reflexion der eigenen Verhaltens- und Denkweisen gewinnen Mentees ein besseres Verständnis für die formellen und informellen Spielregeln innerhalb der Organisation im Allgemeinen sowie der jeweiligen Bereiche oder Hierarchieebenen im Speziellen. Zudem lernen junge Mentees die übergeordneten Ziele der Organisation und die Beiträge unterschiedlicher Abteilungen besser kennen. Durch diesen ganzheitlicheren Blick, der über die persönlichen Ziele, Ideen und Handlungen hinausreicht, wird eine bessere Passung zwischen den individuellen Zielen und Werten und denen des Unternehmens ermöglicht und möglicherweise Fehler vermieden. Besonders Nachwuchskräfte können zudem durch die Reflexionsprozesse im Mentoring ein besseres Verständnis für ihre Wirkung innerhalb des Unternehmens gewinnen und ihr Verhalten entsprechend anpassen und steuern.
- Auch **Mentorinnen und Mentoren** profitieren von Mentoring-Programmen, da erfahrene Experten es meist als befriedigend empfinden, ihr Wissen und ihre Expertise an die nächste Generation weitergeben zu können. Im Mentoring kann dies, im Vergleich zur Rolle als Vorgesetzte oder

Ausbildende, ohne den „Erfolgsdruck“ der Verantwortung für die Karriere der Mentees erfolgen. Zudem bedeutet die Aufnahme in ein Mentoring-Programm Wertschätzung, Anerkennung und Vertrauen in das Erfahrungswissen der Mentoren seitens der Unternehmensführung. Last, but not least kann es Mentoren auch durchaus Spaß machen, im Umgang mit jüngeren Personen, Personen auf einer deutlich anderen Hierarchiestufe oder mit einem anderem Erfahrungshintergrund den Alltag zu bereichern.

Damit Mentoring die gewünschten Effekte hat, müssen individuelle und organisatorische Potenziale und Erfolgsfaktoren ebenso erkannt werden wie Risiken und Grenzen. Als hilfreich erweist es sich hierbei, sowohl den Inhalt als auch den Prozess eines Mentoring-Programms bewusst zu gestalten, da schlecht eingeführte oder umgesetzte Programme kontraproduktiv sein können. Neben der sorgfältigen Zielsetzung des Programms, Einführung und Umsetzung im Unternehmen sowie Auswahl geeigneter Mentorinnen und Mentoren ist es wichtig, ihnen die erforderlichen kommunikativen und sozialen Kompetenzen zu vermitteln, die Mentoring auch in schwierigen Situationen und Gesprächsmomenten zum gegenseitigen Gewinn machen (vgl. Abb. 1.3).

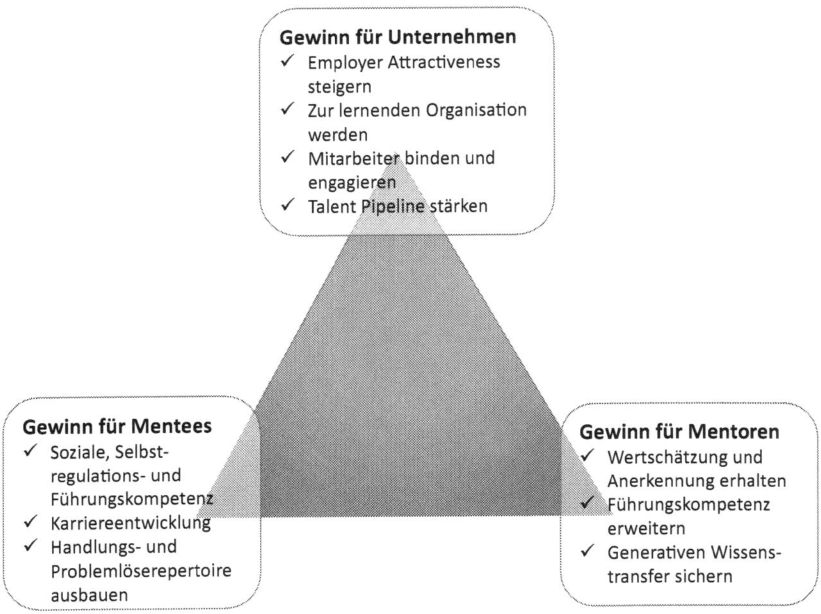

Abb. 1.3 Mentoring – eine Win-win-win-Situation. (Quelle: eigene Darstellung)

Dieses Buch führt Sie von Kapitel zu Kapitel auf den Weg zu gelingendem Mentoring: Kap. 2 stellt Schritt für Schritt vor, wie Mentoring gewinnbringend in allen Phasen des Employee Life Cycle zum Talent Management beiträgt. Kap. 3 skizziert die möglichen Formen des Mentoring, Kap. 4 schlägt vor, wie Sie Mentoring im Unternehmen erfolgreich einführen, passende Mentees sowie Mentorinnen und Mentoren aussuchen, das Programm organisatorisch wirksam machen und dies auch messen können. In Kap. 5 wird auf die Besonderheiten von Mentoring für diejenige Generation eingegangen, die sich aktuell auf der Suche nach dem „employer of choice" befindet: die sogenannte Generation Y. Kap. 6 gibt Ihnen Tools an die Hand, wie Sie Mentoring-Gespräche und -treffen inhaltlich gelungen gestalten und Ihre Rolle als Mentor oder Mentee ausfüllen. Kap. 7 bietet Ihnen konkretes Handwerkszeug in Form eines Toolkits zur gelungenen Gestaltung von Mentoring.

Unterstützung des Talent Management durch Mentoring 2

> Von Mentoring können Unternehmen, Mentees und Mentoren gleichermaßen profitieren, wenn es mit dem richtigen Konzept, ausreichender Qualifikation und einer realistischen Erwartungshaltung erfolgt.

CEOs von Fortune-500-Unternehmen betrachten Mentoring als den drittwichtigsten Beitrag zu ihrem beruflichen Erfolg nach persönlichen Eigenschaften wie Motivation und eigenem Wertesystem (CE/MPI 1995). Mentoring scheint viele Mentorinnen und Mentoren ebenso zu begeistern wie die geförderten Mentees, auch wenn die positive Einschätzung auf unterschiedlichen Bedürfnissen und Werten der beiden Mentoring-Parteien beruht.

Eine wichtige Rolle spielt Mentoring für das **Talent Management** einer Organisation, also für alle Maßnahmen, die sich systematisch mit der Gewinnung, Identifizierung, Entwicklung, dem Einsatz und der Bindung von gegenwärtigen oder zukünftigen Mitarbeiterinnen und Mitarbeitern auseinandersetzen, die für die Organisation besonders wichtig sind aufgrund ihres Potenzials für die Zukunft oder ihrer Schlüsselkompetenzen (CIPD 2015). Da eine gut gefüllte und funktionierende Talent Pipeline ein wichtiger Faktor für den Unternehmenserfolg ist, setzen Organisationen verstärkt Mentoring als Entwicklungsmaßnahme zur Förderung von Nachwuchs ein, besonders potenziellem Nachwuchs für Führungspositionen (CEB 2005).

2.1 Mentoring im Employee Life Cycle

Die positiven Effekte von Mentoring beschränken sich nicht nur auf die Entwicklung von Mitarbeiterinnen und Mitarbeitern, sondern können einen starken Einfluss in allen Phasen des Employee Life Cycle (CIPD) bzw. Mitarbeiter-Lebenszyklus

U. Rademacher und U. Weber, *Mentoring im Talent Management*,
DOI 10.1007/978-3-658-16584-0_2

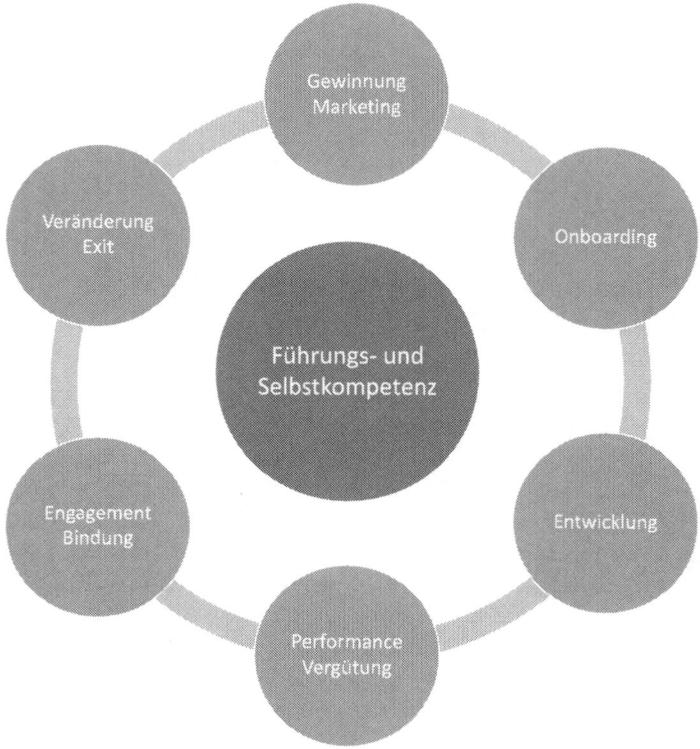

Abb. 2.1 Employee Life Cycle. (Quelle: eigene Darstellung nach CIPD und DGFP)

(DGPF) haben, der alle Phasen der beruflichen Entwicklung darstellt, die Mitarbeiter innerhalb einer Organisation durchlaufen können. Beginnend mit den ersten Phasen des Employee Life Cycle, Gewinnung/Marketing, Onboarding und Entwicklung, in denen Mentoring besonders stark wirkt, werden die einzelnen Phasen und die Rolle von Mentoring darin in Abb. 2.1 vorgestellt.

2.2 Nutzen von Mentoring im War for Talent

Bereits bei der **Gewinnung** von Mitarbeiterinnen und Mitarbeitern und speziell Nachwuchskräften spielt Mentoring eine wichtige Rolle. Allein das Angebot von Mentoring im **Marketing** eines Unternehmens, also lange bevor klar ist, ob die Kandidaten eingestellt werden oder an dem Programm wirklich teilnehmen, wirkt sich dieses Angebot positiv auf die Rekrutierung aus, da es als das Commitment eines Unternehmens zur kontinuierlichen Mitarbeiterentwicklung wahrgenommen wird (CEB 2005). Durch Mentoring steigern Unternehmen und Institutionen bewusst ihre Attraktivität als Arbeitgeber. Denn sie signalisieren durch dieses Angebot, dass sie an der beruflichen und persönlichen Weiterentwicklung ihrer Mitarbeiterinnen und Mitarbeiter nachhaltig und als ganze Organisation interessiert sind.

Dieser wahrgenommene Benefit von Mentoring kann eine wichtige Säule der Employer Value Proposition (EVP) darstellen, des Mehrwerts, den ein Unternehmen im Wettbewerb um alle Mitarbeiter und besonders um junge Talente bietet (Künzel 2014; Weber und Rademacher 2016). Je relevanter, glaubwürdiger und differenzierender der Mehrwert im Vergleich zu den Konkurrenten ist, desto besser stehen die Chancen, für möglichst viele und gut qualifizierte Talente als „employer of choice" infrage zu kommen und ganz oben auf der Liste oder zumindest in der engeren Auswahl für die Unternehmen zu stehen, bei denen sich die Nachwuchskräfte bevorzugt bewerben. Die Mehrzahl der heutigen Absolventinnen und Absolventen schreibt den Möglichkeiten, von Unternehmen aktiv in ihrer professionell-fachlichen, aber auch persönlichen Weiterentwicklung aktiv unterstützt zu werden, einen hohen bis sehr hohen Stellenwert bei der Stellensuche zu (siehe Abschn. 5.1.). Unternehmen und Institutionen sind also gut darin beraten, überzeugende Qualifizierungs- und Entwicklungsmaßnahmen anzubieten, um vielversprechende neue Mitarbeiterinnen und Mitarbeiter zu gewinnen. Wie sehr sich Mentoring als Teil der Employer Value Proposition (EVP) etabliert hat, zeigt sich auch in seiner Benennung als wichtiger Faktor in vielen Total-Reward-Programmen, die – wie der Name sagt – Entwicklungsmöglichkeiten als Reward anbieten (TowersWatson 2014; WorldatWork 2011). Für Nachwuchskräfte gilt dies noch einmal doppelt. Hier rangieren Entwicklungsmöglichkeiten ganz oben in der Liste der Wünsche an einen möglichen Arbeitgeber, da diese Generation besonders an Karriereoptionen interessiert ist (CIPD und Penna 2008; ILM 2013; Kienbaum 2015). Mentoring-Programme stehen deshalb explizit hoch im Kurs.

2.3 Onboarding: Integration neuer Mitarbeiter in die Unternehmenskultur

Nach der erfolgreichen Gewinnung von Mitarbeiterinnen und Mitarbeitern kann Mentoring eingesetzt werden, um eine gemeinsame Unternehmenskultur zu schaffen und zu kommunizieren. Da die Passung mit der Firmenkultur auch ein wichtiger Erfolgsfaktor für die Karriere ist (Chatman und Eunyoung Cha 2003), fällt der Kommunikation der Firmenkultur im **Onboarding**-Prozess eine wichtige

Rolle zu. Alle neuen Mitarbeiterinnen und Mitarbeiter, seien es talentierte Trainees, Azubis oder erfahrene „Neuzugänge“ auf höheren Hierarchieebenen, bringen ihre eigenen Werthaltungen mit in das Unternehmen hinein. Diese werden sowohl von dem individuellen Erfahrungshintergrund und der persönlichen Biografie geprägt als auch vom bisherigen beruflichen Lebensweg.

Um neuen Mitarbeiterinnen und Mitarbeitern den Einstieg in das Unternehmen zu erleichtern, sollten nicht nur fachliche und aufgabenbezogene Aspekte im Onboarding-Prozess berücksichtigt werden. Die Kenntnis der formellen und informellen Strukturen des Unternehmens kann auf ganz pragmatische Weise die Arbeitstätigkeit der Mentees vereinfachen und durch entsprechende Maßnahmen auch die kulturelle Passung fördern. Empirisch wurde bislang vor allem untersucht, wie sich die Passung zwischen dem im Unternehmen etablierten Führungsstil und den Führungserwartungen auf junge Nachwuchskräfte auswirkt (Nowoczin 2015; Welk 2013). Jedoch ist davon auszugehen, dass sich die Ähnlichkeit bzw. Unterschiedlichkeit von Werten auch in vielfältigen anderen Bereichen der Team- und Unternehmenskultur niederschlagen: Welche Werte werden im Unternehmen gelebt? Was sind die offiziellen und die ungeschriebenen Spielregeln? Sind Harmonie und Beständigkeit von Bedeutung oder ist das Unternehmen offen für Veränderung und Konflikt? Wie locker oder förmlich geht es in welchen Situationen zu? Welche Fehlerkultur herrscht hier? Mentoring kann hier einen wichtigen Beitrag leisten, zwischen unterschiedlichen Werten und Wünschen zu vermitteln, so dass Mentees ihren persönlichen Weg entdecken können, um sich weder einseitig anzupassen noch unsensibel für die Kultur des organisatorischen Umfelds zu verhalten.

Unternehmen wiederum können das Feedback aus Mentoring-Programmen als Impulse für einen kontinuierlichen und konstruktiven Wertewandel im Unternehmen verwenden (vgl. Dallwitz-Wegner 2016). Mentoring durch mit der Firmenkultur und -struktur vertraute Personen kann das Onboarding und somit die Karriere maßgeblich unterstützen, potenzielle Stolpersteine rechtzeitig identifizieren und umschiffen. Besonders die Ansichten zu bestimmten Themen, die Firmenkultur oder Erfahrungswerte, also Nichtformelles oder in Anlehnung an das „Eisberg-Modell“ zu Unternehmenskultur (vgl. Schein 1995; siehe Abb. 2.2) „nicht sichtbare“ Wissen und organisatorische Verhalten betreffen, wird von allen neuen Mitarbeitern als besonders wertvoll gewertet (CEB 2005). Auch können durch Mentoring im Onboarding-Prozess aufkeimende Missverständnisse zwischen bereits länger beschäftigten Mitarbeiterinnen und Mitarbeitern oder den verschiedenen Generationen (siehe Kap. 5) vermieden oder befriedet werden, die auf deren unterschiedlichen Einstellungen und Werten basieren. Die institutionalisierte

Abb. 2.2 Eisberg-Modell von Unternehmenskultur. (Quelle: eigene Darstellung nach Schein 1995)

Weitergabe dieses nicht sichtbaren Wissens unterstreicht die Bedeutung und den Wert von Mentoring für Organisationen und Individuen.

Ganzheitlicher Unternehmenskontext

Ein weiterer, wichtiger Gewinn durch Mentoring besteht darin, im Onboarding-Prozess allen Mitarbeitern, aber besonders jungen Nachwuchskräften, die Bedeutung ihrer Rolle im Unternehmen und den Beitrag ihrer Position zum Unternehmenserfolg zu verdeutlichen. Gerade für Berufseinsteiger und in komplexen und großen Unternehmen ist es für sie nicht immer sofort ersichtlich, inwiefern ihre Tätigkeit, die aufgrund ihrer Juniorität gewissen Einschränkungen in Bezug auf Entscheidungsfreiheit und Verantwortung unterliegen kann, zur Wertschöpfung beiträgt. Dieser Blick auf das große Ganze erfüllt somit eine weitere wichtige Funktion: Er vermittelt Mentees, worauf sich ihr tägliches Handeln alles auswirkt und welchen Beitrag sie zum Gesamterfolg des Unternehmens leisten können. Dies fördert das Gefühl von Sinnhaftigkeit und steigert nicht nur die Arbeitsmotivation, sondern auch die Arbeitsleistung, wie bereits klassische Ansätze der Arbeitsmotivation untersuchten (Hackman und Oldham 1975) und inzwischen vielfach belegt wurde (Umbach 2000).

2.4 Entwicklung der Mentees

Von Mentoring profitieren alle Phasen des Employee Life Cycle. Der Schwerpunkt liegt jedoch primär in der Phase „**Entwicklung**", wobei „Entwicklung" im weitesten Sinne mehrere Aspekte abdeckt. Die mögliche Entwicklung durch Mentoring wird gut durch die grundlegenden Zielsetzungen von Mentoring nach der Definition von Kram (1985) kategorisiert:

- Karriereentwicklung und -unterstützung der Mentees
- Psychosoziale Entwicklung in Form von Stärkung der Kompetenz und Effektivität
- Vorbildfunktion/Role Modeling

Die Vorbildfunktion bzw. das Role Modeling kann auch als Teil der psychosozialen Entwicklung angesehen werden. In den meisten Fällen wird Mentoring nicht zu der Erreichung **eines** der Ziele eingesetzt, sondern alle drei Ziele werden angestrebt (Allen et al. 2009; Cuerrier 2003). So kann z. B. Mentoring für Nachwuchskräfte in einer schnell wachsenden, global agierenden Netzwerk-Organisation nicht nur ihren nächsten Karriereschritt vorbereiten, sondern auch ihre Fähigkeit zur virtuelle Führung fördern.

Für die **Karriereentwicklung** wird von Mentorinnen und Mentoren erwartet, dass sie die Mentees dabei unterstützen, sich erfolgreich in der Organisation zu entwickeln. Dafür gibt es vielfältige Möglichkeiten. Mentorinnen und Mentoren können als Sparringspartner bei beruflichen Entscheidungen oder Handeln in der Organisation unterstützend zur Seite stehen. Ebenso können sie Mentees „sichtbar" machen, z. B. durch Hinweise auf interessante Veranstaltungen, Mitnehmen zu diesen Events oder durch Fürsprache bei Personalentscheidungen, bei denen in der Organisation wenig bekannte Mentees als mögliche Kandidaten für interessante Positionen erwähnt werden.

Bei der **psychosozialen Unterstützung** handelt es sich um Hilfestellungen bei der Entwicklung der eigenen Kompetenzen, Stärkung von Effektivität und Effizienz beim Umgang mit eigenen und fremden Ressourcen, Ausprägung und Stärkung des Selbstkonzeptes sowie freundschaftliche Unterstützung, um nur einige Beispiele zu nennen. Role Modeling, ob als separate Kategorie aufgeführt oder nicht, zählt auch zur psychosozialen Unterstützung. Unabhängig von der Anzahl der Kategorien gilt jedoch: Je stärker im Mentoring die Dimensionen Karriere- und psychosoziale Entwicklung eindeutig und klar ausgeprägt sind, desto erfolgreicher ist Mentoring (Allen et al. 2004). Diese Dimensionen sind

Karrierebezogen	Psychosozial
Aktivitäten zur Förderung des beruflichen Aufstiegs der Mentees	Aspekte partnerschaftlicher Zuwendung und emotionaler Stärkung
Herausfordernde Aufgaben stellen	Akzeptanz zum Ausdruck bringen
Laufbahnberatung geben	Raum für Gespräch über persönliche Probleme geben
Sichtbarkeit schaffen	Fürsorge
Schutz vor schlechten Einflüssen	Gemeinsame Zeit verbringen
Unterstützung, Fürsprache	Persönliche Freundschaft aufbauen
Vorbild sein / Role Modeling (wird auch als 3. Dimension aufgeführt)	

Abb. 2.3 Karriereentwicklung und psychosoziale Entwicklung. (Quelle: eigene Darstellung nach Kram 1985)

die Haupttreiber für das Gelingen von Mentoring im Talent Management (vgl. Abb. 2.3).

Im Folgenden werden psychosoziale Entwicklung und Karriereentwicklung differenzierter erläutert.

2.4.1 Psychosoziale Entwicklung

Die psychosoziale Entwicklung ist, angelehnt an die Kompetenzfelder von Heyse und Erpenbeck, noch einmal weiter zu unterteilen in:

- Fach- und (Selbst-)Führungskompetenz
- Selbstkonzeptentwicklung
- Handlungs- und Problemlösungsrepertoire

2.4.1.1 Fach- und (Selbst-)Führungskompetenz

▶ Lernerfahrungen werden durch positive Erlebnisse und Rückmeldungen bedeutsam stärker angeregt als durch Kritik und Tadel.

Obwohl Mentorinnen und Mentoren die fachlichen Kompetenzen ihrer Mentees nicht im Sinne von Training stärken sollen, da dies meist durch Vorgesetzte im Rahmen der Mitarbeitergespräche initiiert und von den Organisationen umgesetzt wird, können sie durch gemeinsame Gespräche die individuellen Stärken und Kompetenzen herausarbeiten sowie fachliche und persönliche Weiterentwicklungsmöglichkeiten der Mentees andenken. Dabei sollte der Schwerpunkt dieser Gespräche immer auf positivem Feedback liegen, da besonders Nachwuchskräfte sich häufig ihrer individuellen Stärken nicht bewusst sind oder sie aufgrund mangelnder Erfahrungen für selbstverständlich halten. Hier kann das Feedback der Mentoren als „Spiegel" sehr hilfreich sein und zu einem besseren Verständnis für das eigene Selbstkonzept führen. Entsprechend bedeutsam kann es für Mentees sein, von einem berufserfahrenen Gegenüber zurückgespielt zu bekommen, dass ihr Verhalten, ihre Ziele und auch Zweifel angemessen sind und es „normal" ist, in bestimmten Situationen unsicher zu sein oder sich und anderen Fragen zu stellen. Auch das schlichte „Absegnen" von Vorhaben der Mentees durch Mentorinnen oder Mentoren trägt als wohlwollende Unterstützung zur Stärkung ihres Selbstvertrauens bei. Denn neuropsychologische Studien zeigen, dass Lernerfahrungen durch positive Erlebnisse und Rückmeldungen bedeutsam stärker angeregt werden als durch Kritik und Tadel (vgl. Hüther 2011). Das soll nicht heißen, dass Mentorinnen und Mentoren nicht auch kritisch zu ihren Mentees und deren Verhalten Stellung nehmen dürfen. Mentorinnen und Mentoren sollten mit geeigneten Fragen und Instrumenten (siehe Kap. 6) konstruktiv auf die Verbesserungsmöglichkeiten aufmerksam machen und die Mentees dazu anregen, alternative Verhaltensmöglichkeiten selbst zu entwickeln und auszuprobieren. Das „Spiegeln" des Auftretens und Handelns der Mentees durch den erfahrenen Blick der Mentorinnen und Mentoren kann so für die Mentees zu einer wichtigen Quelle der Selbstreflexion und der Weiterentwicklung ihrer sozialen Kompetenzen werden (vgl. Abb. 2.4).

Dabei kommt einigen Kompetenzen eine besondere Bedeutung zu, da sie besonders wichtig sind für die berufliche Karriere. Neben der Kommunikations- und Teamfähigkeit fördert Mentoring die Fähigkeit, „sich selbst zu führen". Sie bildet eine essenzielle Voraussetzung dafür, in der beruflichen Laufbahn andere Menschen zu führen und gelungen die Rolle einer Führungskraft auszufüllen. Unter dieser Kompetenz des Selbstmanagement wird in der Psychologie die Fähigkeit verstanden, das eigene Verhalten und emotionale Erleben zu kontrollieren und zu steuern, um angestrebte Ziele zu erreichen (Baumeister und Vohs 2004; Wiese 2015). Diese Art der Selbstregulation umfasst die bewussten und unbewussten psychischen Vorgänge, mit denen die Mentees ihre Ausrichtung, Emotionen, Impulse und Handlungen steuern, um dadurch ihre Ziele durch

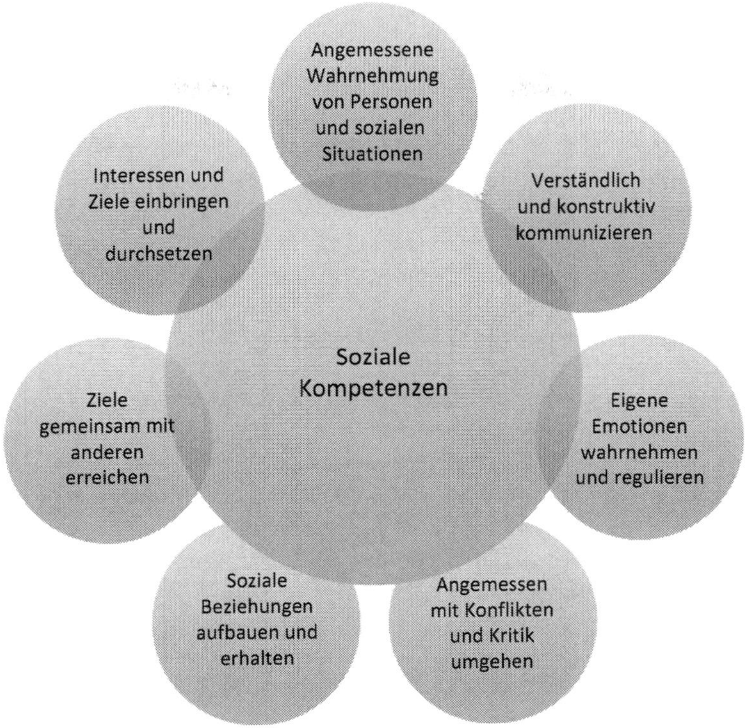

Abb. 2.4 Soziale Kompetenzen. (Quelle: eigene Darstellung nach Heyse und Erpenbeck 2009)

realitätsangepasstes Verhalten zu verwirklichen. Dazu zählt auch die Fähigkeit, unmittelbare Wünsche und Bedürfnisse zugunsten längerfristiger Ziele zurückzustellen („Belohnungsaufschub") (Mischel 1974, 2015) sowie Konflikte auszuhalten oder auch nicht zu gewinnen. Diese Aspekte können insbesondere für eine Generation, die in vielen Lebensbereichen eine unmittelbare Erfüllung ihrer Wünsche gewohnt ist („instant gratification"), eine wichtige Kompetenzerweiterung darstellen (Mischel 2015).

2.4.1.2 Selbstkonzeptentwicklung

Neben dieser gezielten Selbststeuerung unterstützt Mentoring grundsätzlich die Entwicklung eines stimmigen Selbstkonzeptes, das differenziert positive und negative Aspekte beschreibt und geringe Diskrepanzen zwischen der Selbst- und Fremdeinschätzung aufweist. In der durch Mentoren angeregten Reflexion werden sich Mentees über ihre beruflichen und persönlichen Stärken klarer und können diese besser einordnen. Was gelingt mir überdurchschnittlich gut oder leicht? Wo über- oder unterschätze ich mich? Wie nehmen Kollegen und Kunden meine Verhaltensweisen und Leistungen wahr? Wo erwarte ich von anderen vielleicht zu viel oder zu wenig aufgrund meiner persönlichen Standards? Durch gezielte Fragen der Mentorinnen und Mentoren, die diese und ähnliche Aspekte in den Mittelpunkt rücken, werden sich Mentees über ihr persönliches Profil klarer und können besser einschätzen, wo sie selbst Entwicklungs- und Trainingsbedarf haben, der in flankierenden Personalentwicklungsmaßnahmen aufgegriffen werden sollte.

Darüber hinaus werden sich Mentees auch ihrer Wirkung auf Vorgesetzte, Kollegen und Kunden bewusst und können sich auf diese Weise erarbeiten, wie sie auf andere so wirken können, wie sie sich selbst wahrnehmen und in der Organisation gesehen werden möchten. Gerade für Nachwuchskräfte ist dies ein wichtiger Schritt.

Werkzeuge wie das Arbeiten mit dem sehr erprobten und organisatorisch bekannten Johari-Fenster (siehe Abb. 2.5 und Kap. 6) können strukturierte Impulse für die persönliche Weiterentwicklung geben.

2.4.1.3 Handlungs- und Problemlösungsrepertoire

In den Gesprächen mit Mentoren werden sich Mentees ihrer Verhaltensweisen und ihrer Wirkung auf Kollegen und Vorgesetzte bewusst und können besser steuern, in welcher Situation welche Option ihres Verhaltensrepertoires am ehesten zum Ziel führt. Die Reflexion ist dann besonders hilfreich, wenn das „natürliche" Verhalten nicht die gewünschten Konsequenzen erbringt, organisatorisch nicht erwünscht ist oder wenn nach Lösungen für problematische Situationen gesucht wird. Nachwuchskräfte sind häufig unerfahren darin, zu beurteilen, wie ihre Äußerungen und Aktionen auf andere wirken, insbesondere wenn diese von anderen Werten, Zielen und Regeln geprägt worden sind. Aber auch für Mitarbeiterinnen und Mitarbeiter, die aus einem gänzlich anderen Unternehmenskontext kommen, können die normativen Kräfte der informellen Regeln eine Herausforderung sein (siehe Abschn. 2.3). Mentoren können hier wichtige Impulse dafür geben, sie auf den Umgang mit den Spielregeln der Macht und den ungeschriebenen Gesetzen im Unternehmen vorzubereiten.

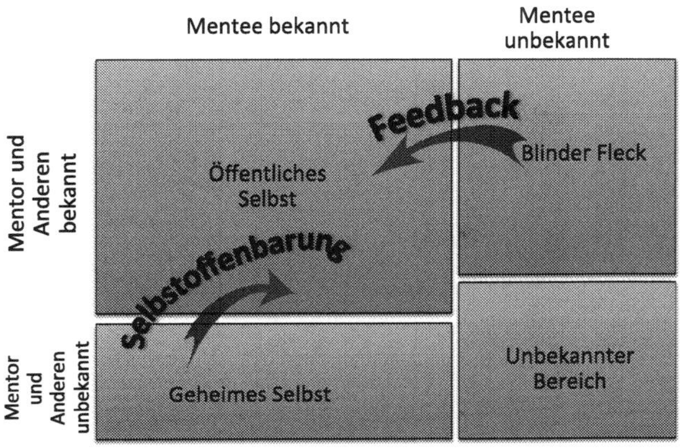

Abb. 2.5 Das Johari-Fenster nach Joseph Luft und Harry Ingham (1961). (Quelle: eigene Darstellung)

2.4.2 Karriereplanung

> Mentoring gelingt besonders gut, wenn es klar von Sponsoring abgegrenzt wird.

Karriereplanung und -förderung sind ein kontroverses Thema bei Mentoring. Inwieweit kann, darf oder soll Mentoring sogar die Karriere der Mentees fördern? Hier lohnt es sich, einen kurzen Blick auf die unterschiedliche Gewichtung im internationalen Kontext zu werfen. Besonders im unternehmerischen Umfeld kann Mentoring in den USA bewusst als Karriere-Sponsoring eingesetzt werden, während es im europäischen Kontext eher Entwicklungscharakter hat (Clutterbuck 2014). Mentoring im Sinne von Sponsoring birgt auch aufgrund der bestehenden Machtverhältnisse und Erwartungen von Mentor und Mentee andere Dynamiken in sich als reines entwicklungsorientiertes Mentoring. Es kann kontraproduktiv werden (Garvey und Westlander 2013), indem Mentees besonders gefallen wollen, die Erwartungen der Sponsoren nicht erfüllen oder von diesen ausgenutzt werden. Aber auch das rein entwicklungsorientierte Mentoring hat einen positiven Einfluss auf das Thema „Karriere“, ohne die störenden Effekte des reinen Sponsoring (vgl. Garvey et al. 2014). Deswegen fokussiert dieses

Buch primär auf den entwicklungsorientierten Ansatz von Mentoring unter Einbeziehung der Auswirkungen auf die Karriere der Mentees. Um den Schwerpunkt zu verdeutlichen, werden auch immer die Begriffe „Mentor“ und „Mentee“ benutzt in Abgrenzung zu dem besonders in der angelsächsischen, aber auch deutschen Literatur genutzten Begriff „Protégé“ für Mentees.

Das primär entwicklungsorientierte Mentoring sollte nicht darauf abzielen, Mentees konkret dabei zu begleiten, den nächsten Karriereschritt zu beschreiten, oder diesen zu ermöglichen. Das wäre klares Sponsoring, das einen Beigeschmack haben könnte, wenn das Programm nicht wie oben beschrieben explizit darauf ausgelegt ist. Ebenso sollte jegliche Karriereförderung oder -begleitung aus der richtigen Motivation erfolgen, nämlich Mentees zu fördern und nicht das eigene Ego zu befriedigen. Denn „Mentoren, die einen Karriereschritt ihres Mentee als Maßstab für den Erfolg des Mentoring betrachten, laufen Gefahr, damit ihren eigenen Ehrgeiz zu befriedigen“ (Schmid und Haasen 2011, S. 24).

Aber auch bei entwicklungsorientiertem Mentoring wird oft von Mentorinnen und Mentoren erwartet oder gewünscht, dass sie Mentees dabei unterstützen, sich erfolgreich in der Organisation zu entwickeln, sei es vertikal durch einen Schritt „nach oben“ in der Hierarchie oder horizontal durch einen lateralen Karriereschritt in ein noch unbekanntes Aufgabengebiet oder unter veränderten Bedingungen wie z. B. im Ausland. Ebenso können Mentorinnen und Mentoren die Karriere ihrer Mentees unterstützen, indem sie in der Organisation „sichtbar“ gemacht werden. Wichtig ist bei allen karrierefördernden Maßnahmen, dass Mentees nicht von Mentoren als zusätzliche Arbeitskraft genutzt werden. Auch wenn es sicherlich reizvoll sein kann, die eigene Sichtbarkeit im Unternehmen durch Mitarbeit an einem Projekt von sehr senioren und einflussreichen Mentoren zu stärken, oder es schwer ist, „nein“ zu sagen, besonders für karriereorientierte Nachwuchskräfte, ist dies nicht der originäre Sinn von Mentoring. Hier sollten auch Mentoren ihre Mentees in keine Zwickmühle bringen, indem sie ihnen solche Projekte anbieten.

Denn gerade bei Karriereoptionen liegt der Mehrwert des Mentoring woanders: Mentorinnen und Mentoren können als Sparringspartner zur Seite stehen und thematisieren, was Karriere für Mentees persönlich bedeutet, was das Unternehmen erwartet, und können abklären, welche konkreten Erwartungen auch seitens der Mentees an das Unternehmen gestellt werden. Mentorinnen und Mentoren sollten möglichst über die unterschiedlichen Karriereoptionen und Laufbahnmöglichkeiten innerhalb des Unternehmens informiert und mit ihren Voraussetzungen und Chancen ebenso vertraut sein wie mit den Anforderungen und Belastungen, die sie für die Mentees bedeuten. Jedoch sollten Mentoren sich auch immer über ihre letztendlich nur beratende Funktion für Mentees im Klaren sein, damit nicht im

Mentoring Personalentscheidungen angedacht oder geplant werden, die organisatorisch an anderer Stelle verantwortet und entschieden werden.

2.4.2.1 Networking

Last, but not least ist der Aufbau und Ausbau eines sozialen Netzwerks im Unternehmen ein wichtiger Erfolgsfaktor, vielleicht sogar *der* wichtigste (vgl. Casciaro und Sousa Lobo 2005). Die Wichtigkeit von Netzwerken zu erkennen und diese erfolgreich zu gestalten ist hilfreich für alle Mitarbeiterinnen und Mitarbeiter und besonders für Nachwuchskräfte. Gerade Berufseinsteigern, bei denen das Thema „Leistung" durchgängig durch das Studium eine wichtige Rolle gespielt hat, ist die Bedeutung von Networking als weiterer Erfolgsfaktor für den beruflichen Erfolg nicht immer bewusst. Um Missverständnissen vorzubeugen, sei noch einmal betont, dass es nicht um Networking *statt* Leistung geht, sondern um Networking als sehr wichtige Ergänzung zu Leistung, die sich sogar leistungssteigernd auswirken kann, z. B. durch Zugang zu Ressourcen in Form von Wissen oder Erfahrungen anderer. Mit Mentoring kann ein gutes Verständnis von Networking innerhalb einer Organisation geschaffen werden: dass es kein Ausnutzen, sondern ein gegenseitiges Helfen ist, und die damit verbundenen Aktivitäten unterstützt und beschleunigt werden.

Aufgrund der Wichtigkeit von Networking als „sich gegenseitig helfen", „Sichtbarmachung" und Zugang zu Schlüsselpositionen wird Mentoring oft mit dem Ziel eingesetzt, Diversity bzw. Inklusion in Unternehmen zu fördern. Viele börsennotierte Unternehmen wie AXA, Lufthansa, Siemens oder Telekom haben deswegen Mentoring-Programme speziell für Frauen implementiert, um deren Teilhabe an Führungspositionen zu fördern und eine weibliche Talent Pipeline aufzubauen. Es sind besonders Frauen, die aufgrund der wahrgenommenen karrierefördernden Benefits wie dem „Zugang zu wichtigen Netzwerken und Einblicken in etablierte Strukturen von Organisationen" (Schacherl 2011, S. 10) dem Mentoring eine hohe Bedeutung zuweisen. Dies gilt besonders für weibliche Nachwuchskräfte, die aufgrund ihres Alters und ihres Geschlechts bewussten oder unbewussten organisatorischen Vorurteilen ausgesetzt sind und sehr von dem sogenannten „old boys network" oder dessen Mechanismen profitieren können.

Die meisten Nachwuchskräfte sind sicherlich auch schon sehr erfahren im digitalen Networking durch das Nutzen von Social Media wie Facebook, Instagram, Pinterest oder beruflicher Netzwerke wie Xing oder LinkedIn. Jedoch ist dies nicht ausreichend, da solche Kontakte eher private Verbindungen oder Kontakte durch Ausbildung widerspiegeln, aber nicht die in einer Organisation vorhandenen formellen und besonders informellen Strukturen, Ressourcen und Machtverhältnisse. Zur Karriereplanung gehören auch der Zugang zu diesen

Netzwerken sowie Einblicke in etablierte Strukturen und Machtverhältnisse. Mentorinnen und Mentoren können durch ihre Erfahrung und Position wichtige Türen öffnen, indem sie Kontakte knüpfen oder sich als Referenz zur Verfügung stellen. Im weiteren Verlauf des Mentoring-Prozesses ist es aber auch sehr hilfreich, die Mentees dazu zu ermuntern, selber „laufen zu lernen", indem sie Eigeninitiative ergreifen und mit den richtigen kommunikativen Mitteln den Kontakt zu wichtigen Personen innerhalb und außerhalb des Unternehmens aufnehmen. Auf diese Weise entwickeln sie mit Unterstützung des Mentors oder der Mentorin ihre Kompetenz zum Networking, die sie in ihrer weiteren beruflichen Entwicklung unabhängig von den Kontakten ihres Mentors macht und nachhaltig dazu befähigt, ihr berufliches, soziales Netzwerk erfolgreich auszubauen.

2.4.2.2 Karrierefördernde Wirkung

Auch die allseits gestellte Frage nach der karrierefördernden Wirkung von Mentoring kann durch mehrere Metaanalysen bejaht werden. So wurde nachgewiesen, dass Mentoring positiv mit Karriereerfolg zusammenhängen kann (Allen et al. 2004). Dabei ist die Definition von Erfolg zu unterscheiden nach zwei Messkriterien:

- Objektive Erfolgskriterien
- Subjektive Erfolgskriterien

Zu den **objektiven** Erfolgskriterien zählen externe Faktoren wie höhere Gehälter und mehr Beförderungen als bei Vergleichsgruppen, zu den **subjektiven** Kriterien höhere Karriere- und Arbeitszufriedenheit sowie Aufstiegszuversicht. Diese Kriterien wurden bei Teilnehmern von Mentoring-Programmen nachgewiesen (Allen et al. 2004).

Um vor überhöhten Erwartungen an ein Mentoring-Programm oder an Mentorinnen und Mentoren – besonders im Rahmen des entwicklungsorientierten Mentoring – als „Karrieremacher" zu warnen, sei an dieser Stelle bei den **objektiven** Kriterien betont, dass alle Kriterien in den Studien vorhanden, aber nicht besonders stark ausgeprägt waren. Und auch aus organisatorischer Perspektive müssen die Aussagen zu der nachgewiesenen karrierefördernden Wirkung von Mentoring (Allen et al. 2004) etwas genauer betrachtet werden.

Im Bereich der **Nachfolgeplanung** und Festlegung von möglichen Karrierepfaden wie Fach- oder Führungskarriere werden Teilnehmende von Mentoring-Programmen organisatorisch nicht per se bevorzugt, da andere Parameter wie Leistungs- und Potenzialbeurteilungen eine wichtige Rolle bei solchen Entscheidungen spielen. Jedoch kann es sein, dass Mentees aufgrund des Mentoring eine höhere Visibilität im Unternehmen haben, ihre soziale Passung bekannter ist oder dass sie prominente Fürsprecher haben, was letztlich den Ausschlag zwischen qualifizierten Kandidaten und Kandidatinnen geben kann. Was die genauen Wirkzusammenhänge sind und in welchem Maße sie wirken, ist jedoch nicht abschließend erforscht. Das gilt auch für den Aspekt der Vergütung. Durch die Teilnahme an Mentoring steigt nicht automatisch das Gehalt, aber möglicherweise die Chance auf eine der besser dotierten Positionen im Unternehmen.

Aus organisatorischer Sicht sei auch davor gewarnt, Mentoring mit Leistungsbeurteilungen im Rahmen des Performance Management zu verbinden oder gleichzusetzen. Es spricht eine der Grundregeln des Mentoring – die Vertraulichkeit – massiv dagegen. Der größte Mehrwert des Mentoring beruht auf der primär interpersonellen Beziehung zwischen zwei Personen, geprägt durch deren Persönlichkeit, Werte, Erfahrungen und gegenseitiges Vertrauen. Durch die Verbindung von Mentoring, sei es auch nur in Teilen, mit Performance Management ist diese primär interpersonelle Beziehung nicht mehr gewährleistet. Einer der größten Stolpersteine für ein Mentoring-Programm ist aus diesem Grund auch nur der Hauch von einem Verdacht, dass es als verdecktes Assessment eingesetzt wird.

In Kap. 4 wird deswegen auch noch genauer auf die Positionierung von Mentoring in der Landschaft der Personalmaßnahmen und Mentoring durch Vorgesetzte eingegangen.

Unabhängig von den nachgewiesenen **objektiven** Effekten in Bezug auf Karriere haben sich besonders die nachgewiesenen **subjektiv** empfundenen positiven Effekte von Mentoring wie höhere Karriere- und Arbeitszufriedenheit und Aufstiegszuversicht bei potenziellen Teilnehmern und Organisationen als Mehrwert des Mentoring fest verankert. Dies liegt auch mit daran, dass im Spektrum der angebotenen Lerninterventionen Mentoring eine besondere Rolle einnimmt, da die Wirkung von **feedback- und beziehungsbasierten** Entwicklungsprogrammen wie Mentoring generell höher eingeschätzt wird als die Wirksamkeit anderer Maßnahmen (CEB 2005).

Positiv hervorzuheben ist beim Lernen im Rahmen von Mentoring, dass aufgrund der 1:1-Beziehung zwischen Mentorin oder Mentor und Mentee sowie der offenen Gestaltung der Lerninhalte und Entwicklungsziele diese sehr nah an dem beruflichen Alltag, den Besonderheiten der Führung, Kollegen und Kunden des Mentees angesiedelt sind. Dadurch gelingt der Transfer des im Mentoring Gelernten auf den Alltag des Mentee einfacher, als es in Trainings oder Workshops der Fall ist. Denn in den wenigsten Fällen lassen sich Erkenntnisse und Erfahrungen aus Workshops 1:1 auf konkrete Situationen am Arbeitsplatz übertragen, was die Wirksamkeit dieser Wissensvermittlungsformate beschränkt (Grüter 2008; Philipps und Philipps 2016). Entweder als Teil eines Trainings oder als eigenständige

Maßnahme kann Mentoring ebenso wie Coaching dazu beitragen, den gelungenen Transfer in den Alltag zu unterstützen, indem es zum Einsatz und Ausprobieren des Erlernten ermuntert und im Mentoring gemeinsam über Verbesserungsmöglichkeiten nachgedacht wird, wenn nicht die erwünschte Wirkung der Trainingsinhalte erzielt wird. Insofern macht es aus organisatorischer Sicht großen Sinn, im Talent Management die vorhandenen Ressourcen auf Maßnahmen wie Mentoring zu setzen, auch wenn es auf den ersten Blick als besonders ressourcenintensive Maßnahme in Bezug auf Bindung organisatorischer und personeller Kräfte erscheint (siehe Abschn. 4.1.3 zu Ressourcenplanung), und gezielt für Gruppen mit einer hohen Lernaffinität wie Nachwuchskräfte einzusetzen.

2.5 Engagement

Mentoring trägt auch zum Talent Management der ganzen Organisation bei, da es dazu beiträgt, das vorhandene, aber nicht abgerufene Potenzial von Mitarbeiterinnen und Mitarbeitern zu aktivieren. Denn die Stärke von informellen im Sinne von „auf den Lernenden ausgerichteten und weniger standardisierten" Lernsituationen wie Mentoring liegt darin, dass sie nicht nur leistungssteigernd (CEB 2002) sind, sondern auch besonders das **Engagement** der Mitarbeiter (CEB 2004) stärken. Dies geschieht dadurch, dass Mentoring den Mitarbeiterinnen und Mitarbeitern verschiedener Bereiche und unterschiedlicher Hierarchiestufen ermöglicht, sich aktiv in die Weiterentwicklung des Unternehmens durch Weiterentwicklung der Nachwuchskräfte mit einzubringen. Sie gestalten quasi ein Stück organisatorische Zukunft mit.

Auf individueller Ebene übernehmen Mentorinnen und Mentoren durch ihre Rolle Verantwortung auch für Nachwuchskräfte, die ihnen nicht direkt unterstellt sind, und prägen deren Verständnis von erwünschten Kompetenzen und unternehmerischen Werten. Organisatorisch unterstützen sie die Personalentwicklung durch ihr Engagement und können wertvolle Impulse geben, wie ihre Mentees nach Abschluss des Mentoring in ihrer Entwicklung angemessen weiterhin gefördert oder eingesetzt werden im Rahmen eines gelungenen Deployments (Personaleinsatz). Zudem können die Erfahrungen der Mentorinnen und Mentoren aus dem Austausch mit Mentees dazu genutzt werden, die im Unternehmen etablierten Qualitätsanforderungen und Erwartungen an Nachwuchskräfte zu überdenken und bei Bedarf anzupassen. So wirken Mentorinnen und Mentoren auf mehreren Ebenen gestalterisch mit und erleben, basierend auf dem Job-Characteristics-Modell von Hackman und Oldham (1975), ihre Tätigkeit als bedeutsam und sinnhaft, was sich positiv auf ihre Motivation und Jobzufriedenheit sowie ihr **Engagement** auswirkt.

Auch gewinnen Mentoren durch die Interaktion mit jungen Kolleginnen und Kollegen, die einen anderen Erfahrungshintergrund, andere Werthaltungen und Einstellungen haben, Erkenntnisse darüber, wie sie ihre berufliche Rolle, ihre Kompetenzen und Strategien (neu) bewerten. Selbst wenn die neuen Ideen, Sichtweisen oder Anregungen nicht übernommen werden, tragen auch sie in Form von Feedback nach Hackman und Oldham (1975) zu größerer Motivation, Zufriedenheit und Engagement bei.

2.6 Employee Retention

> Mit dem Angebot von Mentoring setzt ein Unternehmen wichtige Signale über die Weiterbildungskultur nicht nur nach außen für potenzielle Bewerber, sondern auch nach innen für seine Mitarbeiterinnen und Mitarbeiter.

Die Bindung von Mitarbeiterinnen und Mitarbeitern ist von immenser Bedeutung, wird es allein durch die demografische Entwicklung immer essenzieller für die Wettbewerbsfähigkeit von Unternehmen, gute und erfahrene Mitarbeiterinnen und Mitarbeiter langfristig an sich zu binden. Neben den finanziellen und strukturellen Kosten, die eine hohe Fluktuation mit sich bringt, besteht die Gefahr, etablierte und gut funktionierende Beziehungen am Arbeitsplatz zu stören. Und schließlich verliert ein Unternehmen mit jedem Mitarbeiter auch gelebtes Wissen und hart erarbeitete Erfahrung, was auch mit den besten Wissensmanagementsystemen nur bedingt kompensiert werden kann (Gerstenmaier und Mandl 2011).

Da vom Mentoring sowohl Mentees als auch die involvierten Mentoren profitieren, verstärkt dieser Ansatz gleichzeitig bei zwei unterschiedlichen Generationen eine positive Bindung zum Unternehmen. Mentorinnen und Mentoren erfahren durch die Auswahl, als Mentor tätig zu werden, Wertschätzung und Anerkennung ihrer Leistungen und Erfahrung. Junge Nachwuchskräfte fühlen sich dem Unternehmen stärker verbunden, weil es aktiv in ihre Weiterentwicklung investiert.

Und nicht nur von Nachwuchskräften wird gute Weiterentwicklung und -bildung als einer der Gründe benannt, der die Bindung zum Unternehmen stärkt. In vielen Studien wird die Wichtigkeit von Learning & Development gerade für die an Karriereoptionen interessierte Generation Y festgestellt (CIPD und Penna 2008; ILM 2013; Kienbaum 2015), weswegen Mentoring-Programme besonders für Nachwuchskräfte explizit hoch im Kurs stehen (Shore 2012). Jedoch spielt Weiterentwicklung und -bildung auch eine Rolle für ältere Generationen bei der Entscheidung, bei einem Unternehmen oder einer Organisation zu bleiben, zusätzlich zu Werten wie Arbeitsplatzsicherheit und dem Glauben an die Zukunftsfähigkeit des Unternehmens (CIPD und Penna 2008; ILM 2013; Towers-Watson 2014).

Aber nicht nur aktive Mentorinnen und Mentoren sowie Mentees können durch solche Programme motiviert werden, bei einem Unternehmen zu bleiben. Solche Angebote scheinen eine wesentlich weitere Wirkung zu haben. Zusätzlich zu den direkten Auswirkungen eines guten Weiterentwicklungsangebotes auf die direkt involvierten Mitarbeiterinnen und Mitarbeiter kann davon ausgegangen werden, dass das Angebot auch für Mitarbeiter, die nicht selbst aktiv am Mentoring beteiligt sind, positive Abstrahlungseffekte auf ihre Identifikation mit dem Unternehmen haben kann (Radermacher 2014; Thiele 2009).

2.7 Veränderung und Exit

Selbst in der letzten Phase des Employee Life Cycle – **Veränderung/Exit –** kann Mentoring eine wichtige Rolle spielen. Dabei bezieht sich der Begriff „Veränderung/Exit" nicht zwangsläufig nur auf den Austritt aus dem Unternehmen, sondern er kann auch die Veränderung oder den Austritt aus einer Position bezeichnen. Unabhängig davon kann Mentoring allein im Rahmen der demografischen Entwicklung die Weitergabe von Erfahrungen und fachlichem Wissen von sich verändernden bzw. ausscheidenden Mitarbeitern an nachrückende unterstützen. Diese Lernprozesse im Austausch zwischen Mentoren und Mentees können als eine Form des Lernens im Sinne lernender Organisationen betrachtet werden (Argyris und Schön 1999). Diese wird noch gestärkt, wenn auch der umgekehrte Weg beschritten wird: Nachrückende Generationen geben ihr Wissen und ihre Fertigkeiten (z. B. Know-how im Bereich Social Media) oder Werte und Einstellungen (z. B. die Perspektive auf Diversity) an vorherige weiter.

Mentoring berührt somit alle Phasen des Employee Life Cycle und beeinflusst positiv das Talent Management durch:

- Gewinnung von Mitarbeiterinnen und Mitarbeitern Nachwuchs
- Stärkung der individuellen Kompetenz und Effektivität/psychosoziale Entwicklung
- Karriereentwicklung
- Entfaltung von Engagement
- Bindung von Mitarbeiterinnen und Mitarbeitern
- Organisatorisches Lernen

Somit trägt Mentoring für alle Mitarbeiterinnen und Mitarbeiter und damit letztlich für die ganze Organisation zu deren Erfolg bei.

2.8 Mentoring und Coaching

Die Begriffe Mentoring und Coaching werden oft synonym verwendet. Das beruht auch darauf, dass sie durchaus Gemeinsamkeiten haben. So können sowohl bei Mentoring als auch bei Coaching Entwicklungsaktivitäten wie das Erlernen oder Ausprobieren neuer Verhaltensweisen oder Denkmuster Thema sein oder das Besprechen von Entwicklungsmöglichkeiten. Ebenso setzen Mentorinnen und Mentoren und Coaches ähnliche Techniken ein wie konstruktives Feedback oder das Arbeiten mit Zielen, um nur zwei Beispiele zu nennen (vgl. Abb. 2.6).

Da Mentoring breiter und langfristiger angelegt ist als Coaching, kann es auch sein, dass in einer Mentoring-Beziehung Coaching stattfindet, wenn der Bedarf nach punktuellem Coaching zu bestimmten Themen besteht. Ebenso kann es passieren, dass in einer Coaching-Beziehung Themen oder Ebenen, die eher dem Mentoring entsprechen, angesprochen werden, besonders im sogenannten Executive Coaching, das oft Elemente der Karrierebegleitung enthält und teilweise von den Erfahrungen des Coaches profitiert. Wichtig ist jedoch, dass sich die Betroffenen darüber im Klaren sind, ob sie gerade beim Mentoring oder beim Coaching sind und ob es Sinn macht, beide Instrumente zu mischen, oder ob mit einer klareren Trennung bessere Ergebnisse für den Mentee bzw. Coachee erzielt werden können. Und auch im unternehmerischen Umfeld ist die bewusste Differenzierung und Abgrenzung wichtig. Bei der Einführung von Mentoring in einer bereits mit Coaching ausgestatteten Personalentwicklungslandschaft laufen die Maßnahmen sonst Gefahr, in der Wahrnehmung der Mitarbeiter in einen Topf geworfen zu

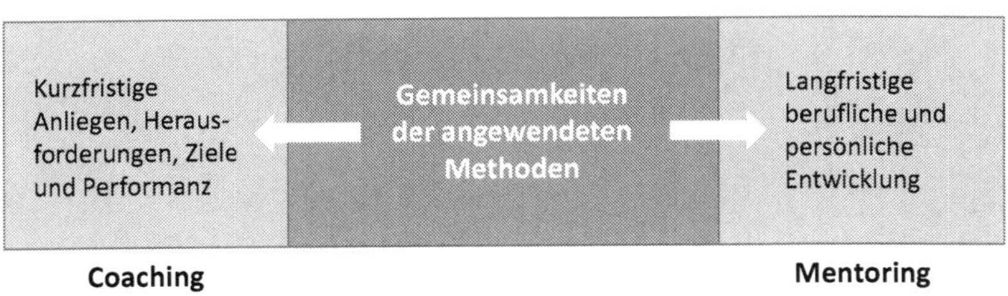

Abb. 2.6 Coaching und Mentoring. (Quelle: eigene Darstellung nach Hawkins und Smith 2006)

werden, was in mangelnder Beteiligung und damit schlimmstenfalls dem Nichtgelingen des Programms resultieren kann (zur Positionierung von Mentoring in der HR-Landschaft siehe Abschn. 4.1.5.).

Jedoch unterscheiden sich Mentoring und Coaching an vielen Punkten auch deutlich voneinander. Coaching fokussiert eher auf spezifische Kompetenzen und Leistungsziele, es ist eher eine Arbeitsbeziehung, die durch eine genaue Analyse und Zielsetzung definiert ist und kurz- bis mittelfristig ausgelegt ist. Coaches sind oft speziell dafür ausgebildete Externe, die über Methoden-Know-how verfügen, um Coachees dazu zu befähigen, eigene Lösungen zu finden.

Mentoring ist tendenziell eher langfristig ausgelegt, fokussiert auf die Weitergabe von persönlichen Erfahrungen oder Fähigkeiten und basiert auf einer starken interpersonellen Beziehung. Es unterstützt dabei, eine Position auszufüllen, sich in einer Organisation zurechtzufinden sowie seine eigene Karriere zu managen. Meist wird es von senioreren, internen Mitarbeitern durchgeführt, die nicht speziell dazu ausgebildet wurden.

Abb. 2.7 gibt einen groben Überblick über die Unterschiede zwischen Mentoring und Coaching.

Auch widersprechen sich Mentoring und Coaching sowie andere Maßnahmen nicht. Es kann durchaus der Fall sein, dass Mentees speziell zu einem Thema gleichzeitig Coaching erhalten oder dass Coaching und eine spezielle Trainingsmaßnahme aus Mentoring resultieren.

Mentoring	Coaching
Förderung der beruflichen Entwicklung (der Nachwuchskraft und Unterstützung beim Aufstieg)	Problembewältigung, Vorbereitung auf neue Aufgaben, Erweiterung der sozialen Kompetenzen etc.
Fokus auf organisatorischen Kontext: Verstehen von politischen Zusammenhängen, ungeschriebenen Regeln, Machtverhältnissen	Förderung von Problemlöse- und Selbstreflexionsprozessen
Breit angelegt, beratend, unterstützend	Ziel-, ergebnis-, lösungsorientiert
Berufs-/businessbezogen, personenbezogen	Berufs-/ businessbezogen
Nach Absprache	Nach eingehender Auftragsklärung
Meist Interne, Externe möglich	Meist Externe mit Coaching Ausbildung

Abb. 2.7 Mentoring versus Coaching. (Quelle: eigene Darstellung in Anlehnung an Alred 1998, CIPD 2017, Rotering-Steinberg 2009)

Formen des Mentoring

3

▶ Unternehmenskultur, Ressourcen und Ziele des Mentoring bestimmen die angemessene Form von Mentoring für Nachwuchskräfte.

So unterschiedlich wie die Ziele des Mentoring und seine Effekte im Employee Life Cycle sind, können auch die Formen des Mentoring sein (Abb. 3.1). Grundsätzlich ist zu unterscheiden zwischen informellen und formellen Formen des Mentoring, wobei im Talent Management die formellen, d. h. die organisatorisch gewollten und initiierten sowie begleiteten Formen dominieren. Jedoch kann natürlich auch jederzeit informelles Mentoring auftreten, sowohl innerhalb als auch außerhalb der Organisation.

3.1 Formelles oder informelles Mentoring

Informelle Formen des Mentoring können erfolgen durch selbst gesuchte Mentorinnen oder Mentoren entweder am Arbeitsplatz, in der Freizeit oder durch Freunde oder Familie. Informelles Mentoring wird im **organisatorischen Umfeld** oft initiiert von Mitarbeitern, die sich Mentoren aussuchen, die ihnen vermeintlich bei bestimmten Themen und/oder ihrer Karriere helfen können. Oftmals sind diese Beziehungen gar nicht als Mentoring definiert oder zu erkennen und sie erhalten keine Unterstützung vonseiten der Organisation, können aber ähnliche Benefits haben wie formelle Programme. Teilweise wird ihnen sogar eine höhere Wirkung zugesprochen, da Mentorinnen und Mentoren und ihre Mentees sich selber gesucht und dadurch eine sehr hohe zwischenmenschliche Passung als dauerhafte und sehr stabile Grundlage für Mentoring haben. Ebenso kann die Mentoring-Beziehung länger dauern – da sie individuell definiert wird

U. Rademacher und U. Weber, *Mentoring im Talent Management*,
DOI 10.1007/978-3-658-16584-0_3

Abb. 3.1 Formen des Mentoring. (Quelle: eigene Darstellung in Anlehnung an: Allen et al. 2009; CEB 2005; Dolff 2002; Gentry 2015)

und sich an den Wünschen und Bedürfnissen des Tandems ausrichtet – als zeitlich begrenzte formelle Programme, die durch Rahmenprogramme oder durch einen gewünschten organisatorischen Durchlauf begrenzt sind (Underhill 2006; Witzki und Blickle 2012). Jedoch sprechen andere Studien dafür, dass formelle Programme wesentlich effektiver sind (Allen et al. 2009; Crawford 2010).

Unter **formellen** Programmen versteht man Programme, bei denen eine Organisation eine Struktur vorgibt und organisatorische Unterstützung anbietet. Dies kann erfolgen in Form von Bereitstellen einer Programmleitung, Unterstützung des Matching-Prozesses von potenziellen Mentoren und Mentees, Monitoring des Stattfindens von Meetings (nicht deren Inhalte!) oder Bereitstellung von Tools wie Gesprächsleitfäden, „Job Descriptions" für Mentoren und Mentees oder anderen flankierenden Maßnahmen wie Networking Events. Im Talent Management ist dies die am weitesten verbreitete Form, da auch nur formelle Programme ein Monitoring der Ziele, sei es der objektiven oder der subjektiven, ermöglichen. Wie viel Struktur zum Gelingen eines Programmes notwendig ist und letztlich auch organisatorisch nachgehalten werden kann, muss jedes Unternehmen basierend auf seiner Kultur, seinen Zielen und Ressourcen entscheiden (siehe dazu Kap. 4).

3.2 Top-down-, Bottom-up- und Peer-Mentoring

Bei den **formellen** Formen des Mentoring wird als gängige Definition meist die einer *Top-down-Perspektive* genutzt: „Mentoring in the workplace has tended to describe a relationship in which a more experienced colleague uses his or her greater knowledge and understanding of the work or workplace to support the development of a more junior or inexperienced member of staff" (CIPD 2017). Einfacher formuliert kann man diese Form des Mentoring bezeichnen als „jemanden in einer Organisation unter die Fittiche nehmen". Im Talent Management ist dies die vorherrschende Form. Jedoch ist Mentoring nicht auf die **Top-down-**Form beschränkt.

Neben dem klassischen Top-down-Mentoring von erfahrenen Führungskräften gibt es auch **Bottom-up-** und **Peer-Mentoring. Peer-Mentoring** bezeichnet Mentoring von hierarchisch gleichgestellten oder gleich erfahrenen Personen auf der kollegialen Ebene. Peer-Mentoring kann aus mehreren Gründen organisatorisch eingesetzt werden. Teilweise verfügen Organisationen nicht über genügend seniore Mentorinnen und Mentoren, um ihre Mentoring-Programme langfristig nachzuhalten, oder das Mentoring hat einen anderen Charakter als primär die Förderung von Nachwuchs zur Befüllung der Talent Pipeline. Diese anderen Ziele können sein:

- Fachliche Beratung
- Teilen von Erfahrungen
- Einarbeitung in ein Aufgabengebiet

Mit diesen Zielen rückt Mentoring auch wieder in die Nähe eines Onboarding-Programmes oder von kollegialer Beratung, dem nach einer bestimmten Struktur verlaufenden Gespräch zur Entwicklung von Lösungsansätzen (vgl. Korsmeier 2009).

Sicherlich kann auch bei Mentoring auf gleicher hierarchischer Ebene allein durch die unterschiedlichen organisatorischen und individuellen Erfahrungen der Akteure der psychosoziale Aspekt des Mentoring erzielt werden. Dieser hängt primär von den Biografien der teilnehmenden Personen ab und nicht zwangsläufig von den Positionen. Fraglich ist jedoch, ob und in welchem Maße der karrierefördernde Effekt beim Peer-Mentoring erzielt wird wie beim Top-down-Mentoring. Denn dieser ist eher an Positionen gebunden, die sich durch Seniorität auszeichnen. Ein weiterer Aspekt, der die Effektivität des Peer-Mentoring im Talent Management infrage stellt, ist eine erlebte oder reale Konkurrenzsituation zwischen Peers. Gerade beim Aspekt „Karriere" könnte es sein, dass sie zu einem

Zeitpunkt in Konkurrenz um weiterführende Positionen miteinander stehen. Dann wäre es nur nachvollziehbar, dass die karrierefördernden Aspekte im Mentoring nicht zum Tragen kommen. Somit wird das Peer-Mentoring im Talent Management eher eine untergeordnete Rolle spielen, da es sowohl den individuellen Zielen der Nachwuchskräfte als auch den organisatorischen in Form von Förderung der Talent Pipeline nur bedingt entspricht.

Ebenso gibt es das bereits in Kap. 2 im Rahmen von „Lernenden Organisationen" beschriebene **Bottom-up-** oder **Reversed** Mentoring von unteren Hierarchien an obere. Dies erfolgt oft bei Themen, bei denen die Jüngeren die Erfahreneren sind, größeres Fachwissen haben oder ihre Perspektive auf ein Thema besonders wichtig ist für eine Organisation. Dies trifft zu bei Themen wie:

- Digitalisierung
- Work-Life Balance
- Diversity
- Leadership

Bei Digitalisierung ist leicht nachzuvollziehen, dass Jüngere oftmals über ein höheres fachliches Know-how verfügen oder gänzlich andere Affinitäten haben sowie ein selbstverständliches Nutzungsverhalten. Basierend auf dieser Erkenntnis hatte bereits 1999 General Electric Reversed Mentoring zum Thema Internet durchgeführt. Möglicherweise könnte diese umgekehrte Weitergabe von Fachwissen, Werten und Einstellungen auch karrierefördernde Aspekte haben, da sie zur Visibilität der jungen Mentorinnen und Mentoren im Unternehmen beiträgt. Jedoch gibt es bislang keine Studien, die die karrierefördernden Aspekte von Reversed Mentoring für diese jungen Mentorinnen und Mentoren untersucht haben. Und auch die psychosoziale Entwicklung durch Reversed Mentoring ist nicht eindeutig geklärt. Bei Themen wie Diversity, Work-Life Balance oder Leadership, bei denen die jungen Mentoren ihre Ansichten und Einstellungen dem Management nahebringen, findet sicherlich in gewissem Maße psychosoziale Entwicklung bei allen Beteiligten statt, wenn sie ihre bisherigen Einstellungen und Werte reflektieren. Aber die Effekte dieses Austauschs entsprechen eher der Definition der lernenden Organisation (vgl. Senge 2006). Innerhalb des Talent Management ist somit die Top-down-Form des Mentoring deswegen die populärste.

3.3 Internes oder externes Mentoring

Mentoring kann im Rahmen des Talent Management **innerhalb der eigenen Organisation** stattfinden oder als **Cross-Mentoring** mit anderen Unternehmen. Diese Form bringt noch einmal einen besonderen Mehrwert, da es die organisatorische Perspektive über das eigene Unternehmen hinaus erweitert. Deswegen ist es auch äußerst beliebt und steht auf der Wunschliste von Nachwuchskräften oft ganz oben (Weber und Rademacher 2016). Besonders in Bezug auf die karriereförderlichen Aspekte von Mentoring werden hier noch weitere Impulse erwartet. Aufgrund der hohen organisatorischen Anforderungen bleibt es jedoch meist Mitarbeiterinnen und Mitarbeitern vorbehalten, die bereits die Benefits von firmeninternem Mentoring ausgeschöpft und ihre Performance sowie ihr Potenzial unter Beweis gestellt haben. Oft sind solche Programme für Aspiranten auf Top-Positionen reserviert und Assessment Center werden vorgeschaltet. Cross-Mentoring spielt eine Rolle im Talent Management, aber eher für seniore Talente und weniger für junge Nachwuchskräfte, auch wenn Cross-Mentoring den mit Mentoring im eigenen Unternehmen verbundenen Befürchtungen zu Autonomieverlust bei der Generation Y entgegenwirken könnte (siehe Kap. 5).

3.4 Eigenständiges Mentoring-Programm

Auch innerhalb der Landschaft der Personalentwicklungsmaßnahmen kann Mentoring unterschiedliche Rollen einnehmen. Es kann als **eigenständiges** Mentoring-Programm erfolgen, mit den entsprechenden flankierenden Maßnahmen wie Networking Events, oder als Teil einer anderen Personalentwicklungsmaßnahme wie ein Führungskräftetraining. Beide Optionen haben Vor- und Nachteile. So ist die Auswahl der Teilnehmenden bereits geregelt, wenn Mentoring als Teil eines Führungsnachwuchsprogrammes angeboten wird. Das macht auf den ersten Blick diese Option einfacher, aber verlagert letztlich nur die Auswahl. Ebenso kann das organisatorisch sehr aufwendige Mentoring in der Vielfalt der Angebote des gesamten Führungsnachwuchskräfteprogrammes untergehen oder umgekehrt dieses überschatten. Ebenso sollten Mentoring-Programme nicht schnell an andere Programme „rangebastelt" werden, um von administrativen Synergien zu profitieren, sondern immer gründlich durchdacht und organisiert sein. Denn schlecht gemachte Mentoring-Programme schaden mehr, als sie nützen. Letztlich ist es die Entscheidung des Unternehmens, wie Mentoring platziert und ausgestaltet wird. Wichtig ist nur, dass es sich klar von anderen Interventionen absetzt, besonders von beurteilungsrelevanten, und auch innerhalb der allgemeinen Maßnahmen wie Training oder besonders Coaching klar positioniert wird (siehe Kap. 4).

3.5 Persönliche Treffen oder E-Mentoring

Eine weitere, neuere Form ist das **E-Mentoring,** das entweder gänzlich anstatt persönlicher Treffen oder in Kombination mit dem persönlichen Kontakt durchgeführt wird. Dies kann geschehen:

- rein auditiv per Telefon,
- textlich per E-Mail oder mit Short-Message-Systemen wie WhatsApp,
- mit visueller Unterstützung wie Videokonferenz oder Skype.

Obwohl E-Mentoring den primären Benefit – die persönliche Beziehung – scheinbar verwässert, gibt es bereits erste Studien, die die Wirksamkeit von E-Mentoring bestätigen (Ensher und Murphy 2007). Und gerade bei der Generation Y (siehe Kap. 5) könnte E-Mentoring eine sehr hohe Akzeptanz haben. Nicht nur, weil bei dieser Generation die E-Kommunikation mehr oder minder selbstverständlich ist. Es könnte auch der Fall sein, dass im Gegensatz zu vorherigen Generationen eine Verwässerung der persönlichen Beziehung durch E-Kommunikation von Nachwuchskräften der Generation Y gar nicht wahrgenommen wird. Aufgrund des intensiven Nutzungsverhaltens in Bezug auf Social Media durch die Generationen Y und Z sowie die Affinität zu diesen Medien wäre in weiterführender Forschung zu überprüfen, ob und in welcher Form E-Mentoring sogar effektiver sein könnte als in persönlichen Treffen.

Last, but not least hat E-Mentoring den immensen Vorteil, dass es eines der wichtigsten Argumente von Führungskräften gegen Mentoring schwächt: keine Zeit zu haben für das Programm bzw. die damit verbundenen Anforderungen wie Reisen zu Mentoring-Treffen. Allein durch die zunehmende Dynamisierung der Arbeitswelt (vgl. Rump und Walter 2013) wird E-Mentoring zunehmend eine höhere Akzeptanz erfahren und Mentoring ohne E-Mentoring kaum organisatorisch abzubilden sein. Hilfreich ist dabei sicherlich, wie bei allen virtuellen (Arbeits-) Beziehungen, eine gute, gemeinsame Grundlage zu schaffen durch gegenseitiges Kennenlernen und das Festlegen von bestimmten Regeln (siehe Kap. 4 und 6.)

Bei den Überlegungen zu E-Mentoring spielt auch wieder die Frage eine Rolle, welche Ziele mit Mentoring abgebildet werden sollen, sowie die Ressourcen eines Unternehmens und vor allem die Unternehmens- und Kommunikationskultur der betreffenden Organisation. So werden multinationale Organisationen mit einer großen geografischen Verteilung sowie Start-ups eher an virtuelle Interaktionen und Kommunikationen gewöhnt sein als Organisationen mit einem Standort, starken Hierarchien und einer ausgeprägten Meeting-Kultur. Je nach Reifegrad und Affinität der Teilnehmenden, das betrifft sowohl Mentees als auch Mentorinnen und Mentoren, kann E-Mentoring eine sinnvolle Ergänzung der persönlichen Treffen sein. In welchem organisatorischen Kontext und welcher Form das E-Mentoring besonders effektiv ist, muss noch weiter erforscht werden.

3.6 Begleitung durch Externe oder Inhouse-Durchführung

Des Weiteren kann sich eine Organisation entscheiden, Mentoring selber ein- und durchzuführen im Sinne von Umsetzung der notwendigen Schritte (siehe dazu Kap. 4) durch eigene Mitarbeiter oder das Programm professionell von **Externen** begleiten oder auch gänzlich durchführen zu lassen. Einer der Vorteile bei externer Durchführung bzw. Begleitung ist, dass man neutrale Prozessbegleiter hat. Diese können ohne einen organisatorischen Bias ein Programm gestalten, das prozessual abgesichert ist, und „best practice"-Beispiele zur erfolgreichen Gestaltung beisteuern. Da es sich bei Mentoring auch um vertrauliche Inhalte handeln kann, auch schon in der Anfangsphase wie beim Matching der Mentorinnen und Mentoren mit Mentees, kann eine externe Begleitung aus der Perspektive der Teilnehmer förderlich sein, um kaum Schnittstellen mit dem Unternehmen zu haben.

Ein weiterer Grund, der für die Einbeziehung von Externen spricht, ist, dass weniger Ressourcen im Unternehmen gebunden werden (siehe Kap. 4). Gerade bei der arbeitsaufwendigen Einführung von Mentoring kann deshalb die punktuelle Unterstützung von Externen sinnvoll sein. Aber genau die Punkte, die für die Einbeziehung von Externen sprechen, können auch als Argumente dagegen genutzt werden: dass ein Programm, das sehr auf interpersonellen Kontakten beruht und beziehungsbasiert ist, nur von Personen mit genauer Kenntnis der Unternehmenskultur gestaltet werden kann, dass sich gerade aufgrund der vertraulichen Inhalte Mentoren und Mentees nur Personen öffnen, die sie schon länger kennen oder von deren Integrität sie überzeugt sind, dass vertrauliche Informationen wie die Namen von Potenzialen nur ungern an Externe gegeben werden, und – last, but not least – dass Mentoring-Programme bei entsprechender Planung und mit eigenen Ressourcen inhouse durchgeführt werden können. Hier ist es wieder die Entscheidung des Unternehmens, ob solch ein Programm als Kernprozess des Talent Management betrachtet und deswegen selber durchgeführt werden soll oder im Rahmen eines HR-Delivery-Modells ganz oder teilweise als Arbeitspaket extern durchgeführt wird.

3.7 Einzel- oder Gruppenmentoring

Auch die Anzahl der Teilnehmenden an einer Mentoring-Beziehung kann variieren. Mentoring findet meist für **Einzelpersonen** statt, und man spricht bei dieser Zweierbeziehung von einem Mentoring-Tandem. Jedoch gibt es auch Mentoring auf **Gruppenebene,** besonders bei jungen Nachwuchskräften (Cuerrier 2003). Dies ist oftmals der Tatsache geschuldet, dass es nicht genügend Mentorinnen und Mentoren gibt oder dass Mentoring-Themen gebündelt werden. Inwieweit und in welchem Maße die Mentoring-Ziele psychosoziale Entwicklung und Karriereförderung in diesem Rahmen eintreten, ist nicht erforscht. Vermutlich hängt es von der Größe der Gruppe, dem Mentoring-Thema und auch der Unternehmenskultur ab. Sicher ist jedoch, dass der große Benefit des Mentoring, das beziehungsbasierte Lernen zwischen einem Mentor und Mentee, verwässert wird. Ob dies durch ein parallel entstehendes Peer-Mentoring der Mentees wieder kompensiert wird, ist auch nicht erforscht. Im Talent Management spielt Gruppen-Mentoring auch kaum eine Rolle, da es dem Grundgedanken der vertrauensvollen, interpersonellen Beziehung – besonders bei Themen zur Karriereentwicklung – nur eingeschränkt entspricht. Ebenso dürfte die Akzeptanz bei der eher individualistisch ausgeprägten Generation von Nachwuchskräften (siehe Kap. 5) gering sein.

Eine Empfehlung über die beste Form des Mentoring abzugeben fällt damit schwer. Sie ist immer individuell abhängig von der Zielsetzung des Mentoring und den organisatorischen Rahmenbedingungen. Unabhängig von der Form ist jedoch die **übergeordnete Zielsetzung** des Mentoring immer gleich: Mentoring soll einen greifbaren Mehrwert für die teilnehmenden Individuen und die Organisation schaffen (CEB 2005). Wie dieser definiert und gemessen wird, erläutert Kap. 4.

4 Mentoring im Unternehmen einführen und erfolgreich etablieren

> Mentoring-Programme erfordern sorgfältige Planung, da schlecht gemachte Programme eher schaden als nutzen.

Mentoring-Programme stehen aufgrund ihrer Benefits hoch im Kurs. Jedoch sollte sich jede Organisation genau überlegen, ob es wirklich ein Mentoring-Programm ist, das sie für ihre Ziele benötigt, und ob sie die notwendigen Kapazitäten für solch ein Programm hat. Falsch eingesetzte und schlecht umgesetzte Programme können mehr Schaden anrichten als dass sie Nutzen bringen (Allen et al. 2009; Gentry 2015). Von einem schlechten Programm und zerstörter Glaubwürdigkeit innerhalb einer Organisation, besonders bei High-Potential Mentees und sehr senioren Mentorinnen und Mentoren erholen sich jedes Programm und dessen Initiatoren nur mühsam. Im Folgenden wird erläutert, wie die Einführung und Durchführung eines Mentoring-Programms erfolgreich gestaltet werden kann.

4.1 Ein geeignetes Konzept entwickeln

Die grundlegenden Fragen (vgl. Allen et al. 2009), die sich jede Organisation vor der Initiierung eines Programms stellen muss, sind:

1. Welchen Bedarf/welche Ziele habe ich als Organisation? Welche organisatorischen oder personellen Herausforderungen wollen wir lösen oder vermeiden?
2. Welche Unterstützung/Befürworter für das Programm habe ich innerhalb der Organisation?
3. Wie passt ein Mentoring-Programm zu unserer Unternehmenskultur?

U. Rademacher und U. Weber, *Mentoring im Talent Management*,
DOI 10.1007/978-3-658-16584-0_4

4. Welche Ziele will ich mit dem Mentoring-Programm erreichen? Für wen will ich diese Ziele erreichen?
5. Wie passt das Programm zu anderen, bereits existierenden oder geplanten HR-Interventionen wie Coaching oder Führungskräfteprogrammen?
6. Welche zeitlichen, finanziellen, personellen Kapazitäten habe ich, sowohl bei Mentorinnen, Mentoren und Mentees als auch im organisatorischen Umfeld (z. B. durchführende HR-Abteilung)?

Angelehnt an den Funktionszyklus der Personalentwicklung (vgl. Abb. 4.1) sollte die **Bedarfsanalyse** auf **organisatorischer** und **personeller** Ebene durchgeführt werden.

4.1.1 Organisatorische und personelle Bedarfe erheben

Die Bedarfsanalyse als erster Schritt ist ein wichtiger Faktor bei der Planung jeglicher HR-Intervention, nicht nur eines Mentoring-Programmes. Dabei werden der Ist-Zustand der Organisation und der angestrebte bzw. der Ziel-Zustand analysiert und festgelegt. Dabei ist zu unterscheiden zwischen Analysen auf organisatorischer und personenbezogener Ebene. Auf **organisatorischer** Ebene werden die strategischen und operativen Ziele des Unternehmens als Soll-Zustand und der Grad der bisherigen Zielerfüllung besprochen. Ebenso wird hinterfragt,

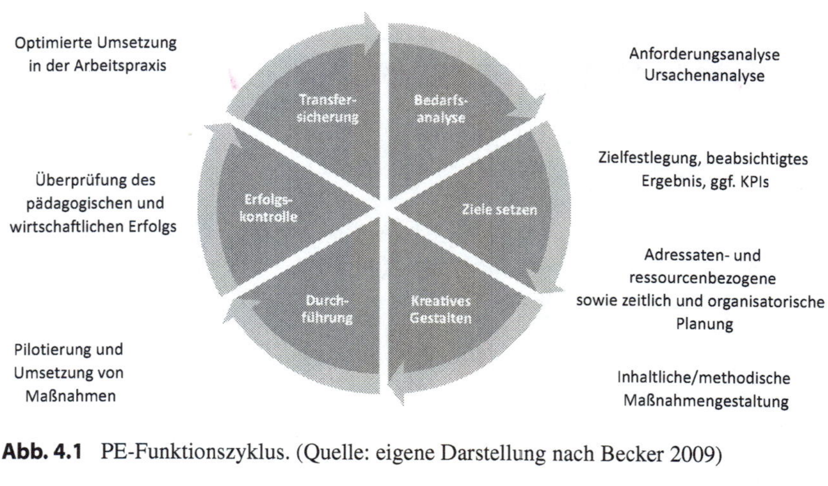

Abb. 4.1 PE-Funktionszyklus. (Quelle: eigene Darstellung nach Becker 2009)

inwieweit die Strategie und Ziele durch Mentoring unterstützt werden können. Ist Mentoring hier die richtige Intervention? Wie passt ein Mentoring-Programm zum Unternehmensleitbild, zu Werten und Lernkultur sowie der HR-Strategie einer Organisation und den vorhandenen Ressourcen?

Nach Festlegung der strategischen und operativen Ziele werden in einer **Aufgabenanalyse** die für die Umsetzung der Strategie notwendigen Tätigkeiten und die dafür erforderlichen Kompetenzen identifiziert. Welche Fähigkeiten, Fertigkeiten oder welches Wissen sind notwendig oder werden zukünftig notwendig sein, um diese Aufgaben und Tätigkeiten auszufüllen? Was haben wir bereits als Organisation davon und was fehlt uns? Oder sind die erwünschten Fähigkeiten und Kompetenzen bereits vorhanden und müssen nur weiter ausgebaut werden? Als nächster Schritt sollte untersucht werden, inwieweit der Ausbau dieser Kompetenzen und Fähigkeiten durch Mentoring unterstützt werden kann. Bei der „Fähigkeit zum Networking" – identifiziert als eine zukunftsweisende Kompetenz (Senge 2006) – ist dies sicherlich zu bejahen. Erfahrene, seniore Mentorinnen und Mentoren können hier einen wertvollen Beitrag leisten. Bei der Kompetenz „New Media Literacy" (iftf 2011) wäre Mentoring auch sinnvoll, besonders wenn es um den veränderten Umgang und die veränderte Einstellung dazu geht – das reine technische Know-how kann durch ein Training vermittelt werden. Jedoch könnte in diesem Fall Mentoring dazu als „Reversed Mentoring" erfolgen, da die höhere Kompetenz wahrscheinlich bei jungen Nachwuchskräften liegt.

Auf **personeller** Ebene wird somit analysiert: Welche Zielgruppe zeigt teilweise schon jetzt die erforderlichen Kompetenzen oder ist in der Lage, dies zukünftig zu tun? Welche Personen oder Personengruppen weisen genug Potenzial auf, um diesen Anforderungen zu entsprechen? Welche Individuen oder Personengruppen werden zukünftig eine wichtige Rolle für den Unternehmenserfolg spielen? Daraus leitet sich ab, welche Zielgruppe das Mentoring haben soll.

Unabhängig vom individuellen Potenzial kann dies auch kollektiven Kriterien entsprechen wie der Zugehörigkeit zu einer bestimmten Hierarchieebene, einer strategischen Business Unit oder Region. Beispielhaft sei hier die Zugehörigkeit zu einer Hierarchieebene mit einer schwachen Talent Pipeline in einer stark expandierenden SBU (Strategic Business Unit) oder Region mit enormen Zuwachsraten genannt. Auch kann sich die Zielgruppe definieren über persönliche Merkmale wie z. B. Alter, Geschlecht oder High-Potential-Status. Dies kann sowohl für Mentees als auch für Mentoren definiert und daraus resultierend abgeleitet werden, ob und in welcher Form diese Personengruppen auf das Mentoring vorbereitet werden müssen.

Wie werden nun die für diese Gesamtanalyse (vgl. Abb. 4.2) notwendigen Informationen zu Organisation, Aufgaben und Personen ermittelt? Aussagen zu

Abb. 4.2 Organisations-, Aufgaben- und Personenanalyse (nach Becker 2009). (Quelle: eigene Darstellung)

den strategischen und operativen Zielen einer Organisation sind meist vorhanden; sie werden im strategischen Prozess festgelegt, ebenso die dazu notwendigen Aufgaben, Tätigkeiten und möglicherweise auch Kategorien von Kompetenzen. Wenn dies nicht der Fall ist, lohnt es sich, hier eine gründliche Vorarbeit zu leisten, deren Ergebnisse im Rahmen einer derivaten Personalstrategie nicht nur für Mentoring, sondern auch für andere (HR-)Prozesse genutzt werden können.

Um Mentoring als Möglichkeit der Förderung dieser Kompetenzen anzubieten, eine mögliche Zielgruppe zu definieren und die unterschiedlichen Formen des Mentoring sowie die generelle Akzeptanz organisatorisch zu testen, können verschiedene Methoden angewendet werden. Fragebögen sind eine Option, ebenso Einzel- oder Gruppeninterviews, die den Vorteil haben, dass die Interviewenden bei Unklarheiten nachfragen, tiefer bohren und Informationen aufnehmen können, die nicht vorgegeben sind. Zielgruppe dieser Interviews sind immer die potenziellen Teilnehmenden des Programms, sowohl Mentorinnen und Mentoren als auch Mentees, und weitere Key Stakeholder der Organisation wie z. B. der Vorstand, Bereichsleiter, also diejenigen, die maßgeblich Einfluss auf das Gelingen eines Programms haben, sei es in Form der Bereitstellung von Ressourcen oder auch in Form ihres Einflusses innerhalb einer Organisation (vgl. Abb. 4.3).

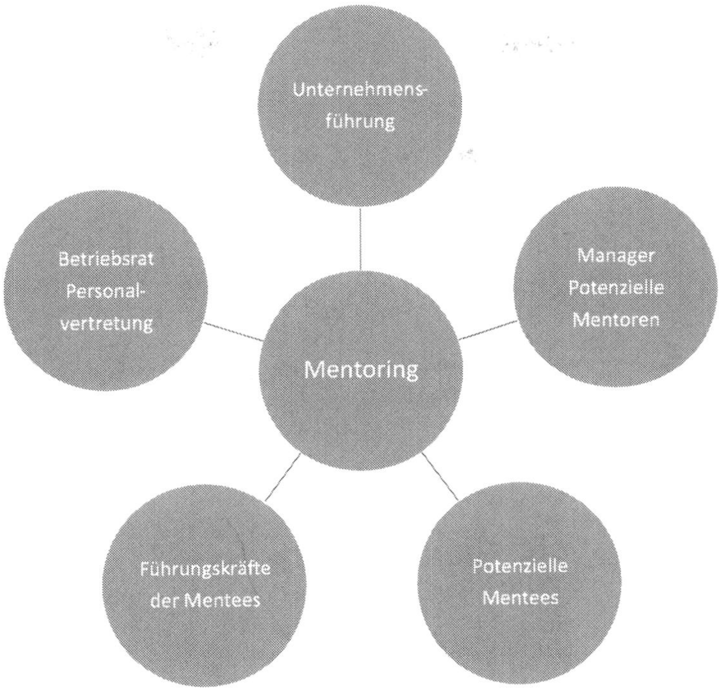

Abb. 4.3 Key Stakeholder. (Quelle: eigene Darstellung)

Ebenso können bereits vorhandene qualitative Informationen wie Mitarbeiterbefragungen oder Exit-Interviews herangezogen werden und auch quantitative und qualitative Daten wie die Demografie eines Unternehmens, der Turn-over und der Zustand der Talent Pipeline. Wie bei allen Informationssammlungen sollte man sich nie nur auf eine Quelle verlassen, da die Heranziehung mehrerer Perspektiven maßgeblich zu einem guten Gesamtbild beiträgt (vgl. Allen et al. 2009). Auch wenn es von der Analyse der eigenen Organisation nicht entbindet, kann als zusätzliche Informationsquelle auch der „best-practice" Blick auf Unternehmen dienen, die bereits solche Programme durchführen, oder es kann Unterstützung durch Beratungen hinzugezogen werden, gerade wenn das Ziel des Mentoring kein organisationsspezifisches ist (vgl. Allen et al. 2009), sondern ein weit verbreitetes wie die Stärkung der Talent Pipeline.

4.1.2 Unterstützung durch das Top-Management gewinnen

> Die Unterstützung und Teilnahme des Top-Management trägt maßgeblich zum Erfolg eines Mentoring-Programmes bei.

Damit ein Mentoring-Programm gelingt, braucht es starke Unterstützung vonseiten der Organisation. Einer der Entscheidungsfaktoren, wenn nicht sogar *der* ausschlaggebende, für das Gelingen des Programms ist die bewusste Entscheidung des Top-Management (idealerweise auf Vorstands- oder Geschäftsführerebene), solch ein Programm durchzuführen, aktiv zu unterstützen oder sogar daran teilzunehmen. Besonders bei Mentoring im Rahmen des Talent Management ist diese Unterstützung ausschlaggebend, weil es als Zeichen der Glaubwürdigkeit und des Commitment des Unternehmens für Förderung von Talenten gesehen wird.

Denn dieses sichtbare Commitment hat Signalwirkung (vgl. Allen et al. 2009). Alle Mitglieder eines Unternehmens setzen sich und besonders ihre Ressource „Zeit" für solch ein Programm ein, wenn sie sehen, dass es vom Management wertgeschätzt wird und das Top-Management sogar daran teilnimmt als Form des aktiven und ehrlichen „Walk the Talk". Denn gerade beim Thema Führung ist die Wahrnehmung des freiwilligen Commitment der Führungskräfte ausschlaggebend, nicht deren mündliche oder schriftliche Unterstützung von Mentoring oder nicht ganz freiwillige Selbstverpflichtungen dazu. Diese Unterstützung durch das Top-Management muss somit im hohen Grade sichtbar sein, um als authentisch wahrgenommen zu werden (vgl. Allen et al. 2009). Es ist tödlich für die Wahrnehmung von Talent Management, wenn dazugehörende Verpflichtungen wie z. B. Teilnahme an Nachwuchsveranstaltungen oder Termine im Rahmenprogramm des Mentoring abgesagt oder an andere delegiert werden.

Einige Organisationen haben auch schon „die Entwicklung von anderen" in ihren Kompetenzprofilen für Leadership-Positionen integriert und auch beurteilungsrelevant gemacht. So werden Führungskräfte in ihrer Performance Review auch daran gemessen, wie sie andere entwickeln. Trotzdem ist es noch immer nicht selbstverständlich, dass die Förderung und Entwicklung des Nachwuchses konsequent zur Priorität gemacht wird, auch wenn davon in hohem Maße die Zukunftsfähigkeit einer Organisation abhängen kann.

Die Umsetzung der folgenden Punkte trägt maßgeblich dazu bei, die Wichtigkeit des Mentoring-Programms zu betonen:

1. Sichtbare Verbindung des Programms mit strategischen Zielen des Unternehmens
2. Einbindung des Top-Management in das Design des Programms
3. Entscheidung zu Mentoring durch das Top-Management, idealerweise in einer Vorstandssitzung
4. Teilnahme des Top-Management als Mentorinnen und Mentoren
5. Einbindung des Top-Management in das Rahmenprogramm wie Kick-off-Veranstaltungen
6. Unterstützung der Mentorinnen und Mentoren und Mentees durch Freigabe von Ressourcen (z. B. Zeit)
7. Belohnungssystem für teilnehmende Mentorinnen und Mentoren (z. B. durch Verleihung von Urkunden)

Organisatorische Unterstützung – besonders auf dem Top Level – macht Mentoring nicht nur sichtbar und wichtig. Sie resultiert auch in einer positiveren Wahrnehmung des eigenen Jobs durch die darin involvierten Mitarbeiterinnen und Mitarbeiter und damit einer stärkeren Bindung an das Unternehmen (Rhoades und Eisenberger 2002). Neben dieser Stärkung von Engagement und Retention fördert die Unterstützung durch das Management auch den wahrgenommenen Erfolg und die Umsetzungswahrscheinlichkeit von Lerninhalten (Rhoades und Eisenberger 2002). Somit wirkt die Unterstützung durch das Management auf mehreren Ebenen als Verstärker.

4.1.3 Realistische Ressourcenplanung erstellen

▶ Eine realistische Planung und Bereitstellung von zeitlichen, personellen und finanziellen Ressourcen trägt maßgeblich zum Gelingen des Mentoring bei.

Oftmals entsteht in der ersten Welle der Begeisterung und unter Zeitdruck die Annahme, dass ein Mentoring-Programm mal „nebenbei“ von jemandem in der HR- oder Personalentwicklungsabteilung einer Organisation initiiert und begleitet werden kann. Dies ist jedoch nicht der Fall. Sowohl eine eigens dafür nominierte Leitung des Mentoring-Programmes als auch eine sorgfältige Ressourcenplanung sind notwendig. Der Leitung kommt eine besondere Rolle zu, da sie maßgeblich zum Gelingen des Programms beiträgt (Liebhart und Stein 2016). Sie kann aus einer oder mehreren Personen bestehen, die sowohl die Entwicklung als auch die laufenden Prozesse des gesamten Mentoring-Programms verantwortlich zu steuern haben. Bei den Aufgaben der Programmleitung handelt es sich im Wesentlichen um die in Abb. 4.4 dargestellten Aktivitäten.

Allein diese Auswahl von Aktivitäten macht deutlich, dass die Einführung und Leitung eines Mentoring-Programms anspruchsvoll ist. Die Leitung sollte sowohl über Expertise im Bereich HR/Weiterbildung, Methodenkompetenz möglichst im Projektmanagement, hohe soziale Kompetenz und ein gewisses organisatorisches „Standing" aufgrund der unterschiedlichen und teilweise senioren Stakeholder, eine mehrjährige Betriebszugehörigkeit zum Verständnis der Kultur und idealerweise eigene Erfahrungen auf dem Gebiet des Mentoring verfügen (vgl. Liebhart und Stein 2016). Dass solch ein Programm nicht „nebenbei" gemacht werden kann und auch nicht von Berufseinsteigern, erklärt sich dann von allein. Wichtig ist auch, dass die Programmleitung genügend zeitliche Ressourcen hat, denn solch ein Programm ist kein „Nebenjob", und letztlich die notwendige Motivation bzw. Spaß daran. Wenn diese Voraussetzungen nicht gegeben sind, ist auch die punktuelle Unterstützung durch Externe eine hilfreiche Option.

Zusätzlich zu der Programmleitung ist es auch ratsam, ein Steering Committee als Auftraggeber und ein Sounding Board zu implementieren, das beratend tätig ist und als Ideengeber genutzt werden kann. Dabei sollte das Sounding Board aus

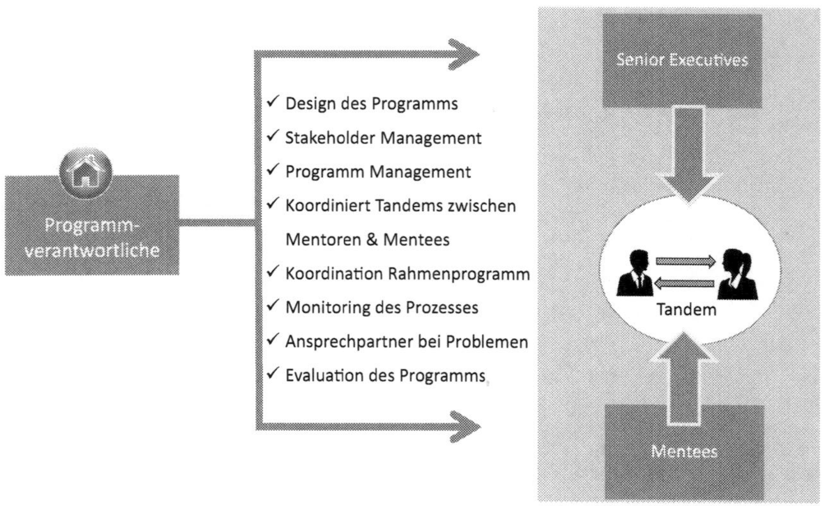

Abb. 4.4 Programmleitung. (Quelle: eigene Darstellung nach Liebhart und Stein 2016; Tracom 2007)

unterschiedlichen Stakeholdern zusammengesetzt sein, die direkt oder auch indirekt mit dem Mentoring-Programm zu tun haben, um möglichst vielschichtiges Feedback und Ideen zu erhalten. Das Steering Committee beinhaltet idealerweise auch Top-Management, um die Abstimmung mit übergeordneten, strategischen Zielen der Organisation sicherzustellen und die Wichtigkeit des Programms zu signalisieren. Auch im Hinblick auf die mögliche Bereitstellung finanzieller Ressourcen ist es ratsam, das Top-Management frühzeitig einzubinden. Ebenso sollten zukünftige Mentorinnen, Mentoren und Mentees im Steering Committee vertreten sein, die die Anwenderperspektive vertreten und im Vorfeld Input zur Programmgestaltung liefern können.

Ein wichtiger Aspekt sind die zeitlichen und finanziellen Ressourcen des Programms, die sorgfältig und realistisch geplant werden sollten, um den Erfolg des Mentoring langfristig sicherzustellen (vgl. Liebhart und Stein 2016). Dabei ist grundsätzlich zu unterscheiden zwischen *direkten* und *indirekten* Kosten. Zu den direkten Kosten zählen Sach- und Anlagekosten sowie externe Personalkosten. Hier könnten beispielsweise Kosten anfallen für:

- Rahmenprogramme (Raummieten, Mahlzeiten, Exkursionen, externe Programminhalte)
- Qualifizierungsprogramme für Mentorinnen, Mentoren und Mentees
- Reisekosten der Mentorinnen, Mentoren und Mentees

Diese Kosten sind gut zu erfassen, wenn im Vorfeld das Programm und seine Bausteine gründlich geplant wurden. Die zweite Kostenart sind die **indirekten** Kosten wie Zeit für die Mentoring-Treffen (Mentorinnen, Mentoren und Mentees):

- Zeit für das Rahmenprogramm (Mentees)
- Zeit für Vorbereitungs-, Qualifizierungsmaßnahmen (Mentorinnen, Mentoren und Mentees)
- Arbeitszeit der Programmleitung
- Teilnahme an Rahmenprogramm, Auftakt- und Abschlussveranstaltung (Management)

Diese Kosten dürften wesentlich mehr ins Gewicht fallen, besonders im Hinblick auf die Zeit des Top-Management oder anderer Personen in senioren Positionen. Sie sind auch etwas schwerer zu berechnen, da der notwendige Zeiteinsatz nicht einheitlich definiert ist (z. B. Länge der Mentoring-Treffen) und möglicherweise auch nicht alle notwendigen Parameter wie z. B. die Gehälter des teilnehmenden Managements bekannt sind. Auch hat jede Organisation ein anderes Kostenverrechnungsmodell, weswegen nur auf die Notwendigkeit der Erhebung auch der indirekten Kosten hingewiesen werden kann. Damit ein Mentoring-Programm erfolgreich gestaltet werden kann, ist es zwingend notwendig, den Entscheidern (und Bewilligern von Geldern) eine Kostenkalkulation vorzulegen, um zu klären, was die Organisation einsetzen kann und auch letztendlich will. Und spätestens bei der Evaluation, wenn vom Management oder Controlling die Frage nach der Kosten-Nutzen-Rechnung für die Maßnahme kommt, ist es erforderlich, einen Überblick über die entstandenen Kosten zu haben (auf die Evaluation und die Messung von Wirkeffekten von Mentoring wird gesondert eingegangen in Abschn. 4.6).

4.1.4 Kommunikation zielgruppengerecht gestalten

Gemäß dem Motto „You cannot overcommunicate" kommt der Kommunikation innerhalb des Programms und über das Programm eine wichtige Bedeutung zu. Gerade um die Effekte des Mentoring im Talent Management voll zu entfalten, sind eine gute interne und externe Kommunikationsstrategie und deren systematische Umsetzung notwendig. Nur wenn das Programm nach außen in Form von „für Externe" sichtbar gemacht wird, kann es seinen Beitrag in der Phase „Gewinnung" des Employee Life Cycle liefern, indem es die Attraktivität des potenziellen Arbeitgebers steigert (siehe Kap. 2). Und nur wenn es auch intern genug bekannt ist, besonders bei Nichtteilnehmern oder potenziellen Teilnehmern, kann es seinen in Kap. 2 beschriebenen Effekt auf Engagement und Retention haben, nämlich die wahrgenommene Wertschätzung eines Arbeitgebers, der in seine Mitarbeiter investiert.

Ebenso ist für die Kommunikation mit den Stakeholdern des Programms eine überzeugende und wertschätzende Ansprache ausschlaggebend. Deswegen empfiehlt es sich, bereits bei der Gestaltung des Programms eine interne und externe Kommunikationsstrategie festzulegen, die definiert, wer wann mit wem was und wie kommuniziert. Diese Entscheidungen hängen wiederum von der Unternehmenskultur, den internen Prozessen, der Betroffenheit durch das Programm und auch teilweise von den technischen Möglichkeiten ab. Falls es einen Unternehmensbereich „(Interne) Kommunikation" gibt, kann es sinnvoll sein, dessen Unterstützung von vornherein in Anspruch zu nehmen.

Bei der **internen** Kommunikation bieten sich Kommunikationskanäle wie das organisationsinterne Intranet, Chats, Blogs und Newsletter an, die zielgruppenspezifisch ausgewählt werden können. Nicht alle Mentorinnen und Mentoren aus dem Top-Management sind eifrige Blogger, und nicht alle Mentees aus der Generation Y sind begeisterte Leser von Printmedien. Dabei gilt die Regel, nicht

„statt“, sondern „zusätzlich“, also Newsletter und Blog, damit nicht im Vorfeld des Mentoring durch die Kommunikationskanäle die erste Sollbruchstelle zwischen Nachwuchskräften und ihren Mentorinnen und Mentoren entsteht.

Bevor auch die Inhalte der internen Kommunikation auf die jeweilige Zielgruppe zugeschnitten werden, gilt es jedoch, ein allgemeines Grundverständnis von Mentoring zu schaffen. Man kann nicht davon ausgehen, dass Mentoring im Allgemeinen oder das spezielle unternehmenseigene Mentoring-Programm allen bekannt ist. Daher hat sich eine Kurzdarstellung von Mentoring in der unternehmerischen Praxis bewährt, die für alle Stakeholder die notwendigen Informationen prägnant darstellt (siehe Kap. 7). Danach kann eine Differenzierung der Kommunikation nach Interessen und Beteiligung an Mentoring erfolgen.

Ein besonderes Augenmerk der Kommunikation liegt auf der Bewerbung des Programms und der Kommunikation mit den Führungskräften, die Mentorinnen und Mentoren werden sollen. So werden Fragen beantwortet zu der Rolle als Mentor: Was sind die Erwartungen an mich als Mentor? Bin ich dafür geeignet? Wie viel Zeit muss ich investieren? Ebenso sollten Führungskräfte, die ihre Mitarbeiterinnen und Mitarbeiter für das Programm nominieren oder ihnen zeitliche Spielräume für Mentoring einräumen sollen, umfangreich informiert sein: Nach welchen Kriterien suche ich Nachwuchskräfte für die Teilnahme an dem Programm aus? Muss ich sie für Mentoring freistellen? Fließt Mentoring in die Leistungsbeurteilungen ein? Eine wichtige Zielgruppe ist auch das Top-Management, das nicht nur zur Unterstützung motiviert werden kann, sondern auch an der Umsetzung und Wirkung des Programms interessiert ist. Wie ist das Programm gestartet? Wie gestaltet sich die Durchführung? Diese Stakeholder sind besonders wichtig, da sie großen Einfluss haben und großes Interesse an dem Programm oder davon betroffen sind. Ebenso sind die Mentees oder potenziellen Mentees eine wichtige Zielgruppe, bei der eine frühe und umfassende Kommunikation hinsichtlich ihrer Beteiligung formelle oder inhaltliche Fragen sowie Erwartungen beantworten kann und damit maßgeblich zu der Transparenz des Programmes beiträgt. In Anlehnung an die Mendelow-Matrix (Mendelow 1991) kann die Programmleitung festlegen, wie mit welchen Stakeholdern kommuniziert wird (vgl. Abb. 4.5).

Auch bei den Formaten gibt es ein weites Spektrum, was man an Kommunikationsmaterial nutzen kann: von Kurzdarstellungen, Selbstevaluationen (siehe dazu Kap. 7), ausführlichen Beschreibungen des Programms bis hin zu Büchern, die Comicstrips ähneln (Alred et al. 1998), kurzen Filmen oder Animated PowerPoint, um nur ein paar Beispiele zu nennen.

Bei der Kommunikation nach außen stellt sich die Frage, wie viel Informationen die Organisation im Rahmen von Employer Branding kommunizieren möchte. Ist es zu wenig, tritt der erwünschte Effekt nicht ein, dass mit Mentoring die Attraktivität

Abb. 4.5 Stakeholder-Matrix (in Anlehnung an Mendelow 1991). (Quelle: eigene Darstellung)

Einfluss \ Interesse/Betroffenheit	Gering	Hoch
Gering		Externe Bewerber Alle Mitarbeiter Führungskräfte der Mentees
Hoch	Kostenträger Betriebsräte	Unternehmensleitung Mentoren Mentees

als Arbeitgeber gesteigert wird. Was zu viel wäre, wird wiederum von der Unternehmenskultur und Bedürfnissen in Bezug auf Employer Branding definiert. Die genaue Ausgestaltung der Kommunikation in Bezug auf die Botschaft, Zielgruppen und Einsatz relevanter Medien muss jede Organisation individuell festlegen.

4.1.5 Mentoring von anderen HR-Prozessen abgrenzen

► Mentoring soll klar von anderen Programmen, Interventionen, Maßnahmen und Prozessen, besonders Leistungsbeurteilungen, abgegrenzt werden.

Das Mentoring-Programm soll nicht nur in Einklang mit der Strategie des Unternehmens stehen, sondern mit der gesamten Landschaft der Entwicklungsmaßnahmen sowie speziell den Talent Management Aktivitäten einer Organisation (vgl. Allen et al. 2009). Dabei sollte besonders darauf geachtet werden, dass es sich klar abgrenzt von anderen Maßnahmen, die ähnliche Ziele haben können wie Mentoring in Form von psychosozialer Entwicklung oder Förderung der Karriere. Um eine „Verwässerung" der Maßnahmen zu vermeiden, sollte bei der Planung des Mentoring-Programms analysiert werden, welche Intervention mit welchem Ziel es bereits gibt. Idealerweise sollten Mentoring und andere, bereits bestehende Entwicklungsmaßnahmen, sich sinnvoll ergänzen. Unter Umständen kann es auch notwendig sein, bei bestehenden Maßnahmen Veränderungen vorzunehmen oder diese sogar einzustellen, um einem neuen Mentoring-Programm genügend Raum zu geben. Hier ist wieder die Diplomatie der Programmleitung gefordert und möglicherweise die Unterstützung vonseiten des Management, um – besonders in größeren Organisationen – die Interessen diverser Stakeholder auszubalancieren und möglichen Verstimmungen entgegenzuwirken.

Besonders gefährlich ist es auch für das Gelingen des Mentoring, wenn das Programm und seine Intentionen in der Wahrnehmung der Teilnehmenden nicht genau abgegrenzt sind von beurteilungsrelevanten Maßnahmen. Mentoring ist auf keinen Fall eine zusätzliche Quelle zu Leistungsbeurteilungen. Sicherlich kann es nicht ganz vermieden werden, dass Mentorinnen und Mentoren sich eine Meinung zu den Mentees bilden. Jedoch sollte im Vorfeld klar darauf verwiesen werden, dass diese Meinung in keinerlei Form Einfluss auf die durch Vorgesetzte durchgeführte Leistungsbeurteilung findet. Auch ist Mentoring keine zusätzliche Informationsquelle wie bei einem 360-Grad-Feedback, und die Meinung der Mentorinnen und Mentoren soll nicht die Leistungsbeurteilung der Vorgesetzten ersetzen. Die im Mentoring gewonnenen Eindrücke haben eine vollkommen andere Grundlage als eine Leistungsbeurteilung. Aus diesen Gründen ist Mentoring durch Vorgesetzte nicht ideal, weil ein Rollen- bzw. Aufgabenkonflikt für sie entstehen könnte. Da Mentoring besonders im Talent Management zur Karriereförderung beiträgt, sollte es genau mit den existierenden oder geplanten karriereförderlichen Maßnahmen wie zum Beispiel Nachwuchsförderungsprogrammen, Auslandsentsendungen, Stretch Assignments, Projekten oder Seminaren koordiniert werden. So kann es Sinn machen, ein Mentoring-Programm an ein Nachwuchsförderungsprogramm als einen Baustein anzukoppeln, wenn man eine vermeintliche Konkurrenzsituation mit solch einem Programm vermeiden möchte. Ebenso wird dann klar, dass Mentoring lediglich **ein** Baustein im Talent Management ist und nicht mit Erwartungen von Mentees oder auch der Organisation als **die** heilsbringende Intervention überfrachtet wird (vgl. Allen et al. 2009).

4.2 Die richtigen Mentees finden: Die Mischung macht's

Die Auswahl der Teilnehmenden, sowohl Mentorinnen und Mentoren als auch Mentees, wird maßgeblich von der Zielsetzung des Programms bestimmt. Dazu können *formelle* ***kollektive*** Kriterien wie die Zugehörigkeit zu einer Region, *formelle* ***individuelle*** Kriterien wie High-Potential-Status sowie ***nicht formelle*** Kriterien wie Persönlichkeitsmerkmale, Eigenschaften und Motive der Mentees oder eine Mischung daraus als Kriterien herangezogen werden. Im Folgenden werden die Kriterien und deren Wichtigkeit näher erläutert.

4.2.1 Formelle Kriterien

Dabei wird – ausgerichtet an der Strategie und operativen Zielen der Organisation – eine generelle Zielgruppe für das Mentoring festgelegt (Generation Y) und zusätzlich das Individuum betreffende Kriterien. Diese könnten z. B. High-Potential-Status, Teilnahme an einem Nachwuchsprogramm, anstehende Beförderung/Entsendung oder geplante Nachfolgeregelung sein.

Wenn bestimmte Kriterien zur Teilnahme an dem Programm festgelegt und kommuniziert werden, kann dies zu Unmut bei den restlichen Mitarbeiterinnen und Mitarbeitern führen, die sich ausgeschlossen fühlen (vgl. Allen et al. 2009). Gerade im Rahmen des Talent Management kann durch die Teilnahme an Mentoring noch einmal deutlich werden, wer aufgrund von *individuellen* Kriterien z. B. als förderungswürdig eingestuft wird und wer nicht. So werden durch die Nominierung oder Teilnahme an selektiven Programmen auch Beurteilungen organisatorisch sichtbar, die nicht bekannt waren oder nur bestimmten Personenkreisen wie Vorgesetzten und HR. Aber auch bei *kollektiven* Kriterien kann es zu dem Gefühl des Ausgeschlossenseins bei anderen kommen. Beispielhaft sei nur verwiesen auf Mentoring-Programme speziell für Frauen zur verstärkten Teilhabe an Führungspositionen, die zum Vorwurf der systematischen Diskriminierung von Männern auf Grundlage des Geschlechtes führen. Deswegen ist es ratsam, die Kriterien zu begründen, transparent zu kommunizieren und konsequent einzuhalten. Ebenso ist es vorteilhaft, wenn es in der allgemeinen Landschaft der HR-Interventionen attraktive Angebote für die Mitarbeiterinnen und Mitarbeiter gibt, die nicht an dem Mentoring Programm teilnehmen. So kann das Entstehen einer In- und Out-Group in gewissem Maße vermieden werden.

4.2.2 Eigenschaften, Persönlichkeitsmerkmale und Motive

Unabhängig von den formellen Kriterien können Eigenschaften/Persönlichkeitsmerkmale, Motive, Einstellungen, Fähigkeiten sowie Fertigkeiten von Mentees zu deren Identifizierung herangezogen werden. Wie bei allen Interventionen trägt die Lernbereitschaft der Teilnehmenden nachweislich zu deren Erfolg bei (CEB 2004). Bei Mentoring, besonders im Rahmen von Talent Management, können Motive und Fähigkeiten wie z. B. Erfolgsorientierung und Eigeninitiative, die auch von Organisationen hoch bewertet werden, eine wichtige Rolle spielen und maßgeblich zum Gelingen des Programms beitragen. Diese aufgeführten Motive und Eigenschaften der potenziellen Mentees haben noch einen weiteren Effekt: Sie wirken sich positiv auf Mentorinnen und Mentoren aus, die diese Eigenschaften bei Mentees besonders ansprechend finden und dadurch eher motiviert sind, an solchen Programmen teilzunehmen. Zusätzlich sind soziale Kompetenzen sehr wichtig für das gute Gelingen des Mentoring, da es eine beziehungsbasierte Entwicklungsform darstellt. Wissen und Fertigkeiten des Mentees spielen eher eine untergeordnete Rolle bei den Auswahlkriterien, gerade bei Nachwuchskräften. Wer jedoch bei sozialen Kompetenzen nicht punktet, hat einen schweren Stand. Denn bei einem Mentoring-Programm, bei dem die Beziehungsebene im Vordergrund steht und eines der Hauptkriterien für das Gelingen ist, kommt es nicht mehr darauf an, über welche Fertigkeiten und welches Wissen Mentees verfügen, wenn die Gestaltung der Beziehungsebene nicht gelingt (Zey 2002).

Wenn die Auswahlkriterien festgelegt wurden, sollte die Organisation auch einen Auswahlprozess definieren und verbindlich festlegen. Als erfolgreich in der Praxis haben sich „Bewerbungen" von Mentees erwiesen, in denen sie ihre Motivation sowie ihre Erwartungen und Wünsche an das Programm und den Mentor oder die Mentorin darstellen (siehe Kap. 7). Diese „Bewerbung" ist bereits die erste Visitenkarte der Mentees und oft aussagekräftiger als alle formellen Kriterien, da es eine gute Möglichkeit ist, die eigene Motivation überzeugend darzustellen und sich dadurch „attraktiv" für Mentoren zu machen. Ebenso können noch Interviews geführt, Referenzen angefordert oder Assessment Center durchgeführt werden, um ein besseres Verständnis speziell zu organisatorisch eher unbekannten Nachwuchskräften zu erhalten oder bei der Teilnahme an einem besonders exklusiven Programm wie Mentoring durch Vorstände oder die Geschäftsführung. Auch hier ist es wieder die Entscheidung der Organisation, welchen Input sie aus welcher Quelle benötigt, um eine Aussage über die Teilnahme zu treffen.

Ebenso ist es die Entscheidung des Unternehmens, *wer* diese Aussage trifft. Es kann entweder ein Gremium sein oder die Leitung des Mentoring-Programms z. B. anhand von Kriterien, die das Steering Committee verabschiedet hat. Wer es macht und nach welchen Gesichtspunkten, hängt letztlich auch wieder von den vorhandenen Ressourcen, der Zielsetzung des Programms und der gewünschten prozessualen Absicherung ab. Da die Motivation und letztlich die Beziehungsebene zwischen Mentorinnen, Mentoren und Mentees das ausschlaggebende Kriterium sind, ist auch von einem „over-engineering" des Auswahlprozesses abzuraten. Das Ausschöpfen aller diagnostischen Möglichkeiten bringt bei Mentoring nicht immer den im Verhältnis zum Aufwand stehenden Mehrwert. Im Umkehrschluss empfiehlt es sich immer, die Motivation und soziale Kompetenz der Teilnehmer abzuklopfen, selbst wenn die Teilnahme am Mentoring durch formelle Kriterien geregelt ist, wie die Teilnahme an einem Nachwuchsführungskräfteprogramm, um noch einmal gesondert für den Erfolg des Mentoring-Programms die notwendigen Weichen zu stellen.

4.3 Die richtigen Mentoren finden: Klasse statt Masse

> Die Gewinnung und Auswahl der richtigen Mentorinnen und Mentoren sowie das Matching der Tandems sind erfolgskritisch für das Gelingen des Mentoring.

Die Auswahl der Mentorinnen und Mentoren und deren Matching mit Mentees sind einer der wichtigsten, wenn nicht *der* wichtigste Erfolgsfaktor des Mentoring (Allen et al. 2009; Graf und Edelkraut 2014; Liebhart und Stein 2016). Dazu gehört es auch, eine ausreichende Anzahl von dafür qualifizierten Managerinnen und Managern als Mentoren rekrutieren zu können, was vor dem Hintergrund der Ressource „Zeit" oftmals viel Einsatz und Überzeugungsfähigkeit seitens der Programmleitung erfordert.

4.3.1 Mentoren rekrutieren

Die Rekrutierung von Mentorinnen und Mentoren kann eine der Hauptherausforderungen und Hürden für ein Mentoring-Programm sein. Dabei ist es im Rahmen des Talent Management im Vergleich zu anderen Programmen noch verhältnismäßig einfach für die Programmleitung, da Managerinnen und Manager am liebsten Mentoren für motivierte High-Potential Mentees werden und weniger für Mitarbeiter, die Unterstützung brauchen. Aber selbst wenn es nach formellen Kriterien wie Zugehörigkeit zu einer Hierarchieebene oder sogar aufgrund von freiwilligen Meldungen quantitativ genügend Mentorinnen und Mentoren gibt, kann es sein, dass aufgrund persönlicher Eigenschaften, Verhaltensweisen oder festgelegter Ansichten zum Thema Nachwuchsförderung nicht jeder zum Mentoring geeignet ist. Hier sind von der Programmleitung besonderes Fingerspitzengefühl und Rückgrat gefordert, um ungeeigneten Mentoren freundlich abzusagen, ohne das Programm zu beschädigen. Eine mögliche Option ist es, Senior-Managern, die nicht als Mentorinnen und Mentoren geeignet sind, aber über ein hohes Sendungsbewusstsein oder organisatorische Macht verfügen, ein alternatives Format anzubieten. Dies kann ein Einsatz im Rahmenprogramm wie z. B. einem „Kamingespräch" oder in anderen HR-Programmen sein.

Die besondere Herausforderung für die Rekrutierung von Mentorinnen und Mentoren besteht darin, dass diejenigen, die besonders gute Mentoren wären, oft beruflich sehr eingebunden sind. Insofern überrascht es wenig, dass die größte Hürde für Mentoring bei Senior-Managern die Ressource „Zeit" ist. Besonders bei der Einführung eines Mentoring-Programms, wenn es innerhalb einer Organisation noch eine unbekannte Größe ist, können die zeitlichen Vorbehalte am größten sein. Hier sind von der Programmleitung eine gewisse Hartnäckigkeit und Überzeugungskraft gefordert. Es empfiehlt sich, im Programm-Design eine ungefähre Orientierung in Bezug auf Sequenz und Länge der Interaktionen zwischen Mentee und Mentorin oder Mentor festzulegen, die individuell ausgestaltet werden kann. Somit wird der Faktor „Zeit" berechenbarer gemacht (mehr dazu in Abschn. 4.5). Sicherlich gibt es berufliche oder private Situationen, die ein Engagement im Mentoring ausschließen, weil die zeitliche Belastung zu hoch wäre oder das Mentoring nicht sinnvoll durchgeführt werden könnte. Aber oft ist es so, dass Menschen Zeit für die Dinge haben, die sie wollen und die ihnen wichtig sind. Deswegen macht es Sinn, auf die extrinsische, aber besonders auf die intrinsische Motivation von Mentoren zu schauen.

4.3.2 Motivation von Mentorinnen und Mentoren

Einer der Hauptmotivatoren, sich als Mentor oder Mentorin zu engagieren, sind die eigenen, guten Erfahrungen mit Mentoring. Sowohl als „Nehmende" (Mentee), aber auch als „Gebende" (Mentor): wenn jemand bereits an einem Programm teilgenommen hat, ist die Wahrscheinlichkeit sehr hoch, dass diese Person sich als Mentor zur Verfügung stellt (Allen 2007). Besonders hoch ist diese Bereitschaft natürlich bei Personen, die als „Nehmende" (Mentee) an einem Programm teilgenommen und die positiven Effekte von Mentoring am eigenen Leibe erfahren haben. Sie sind meistens willens, sich als Mentorin oder Mentor zu engagieren, wenn nicht zwingende Gründe dagegensprechen.

Bei der Rekrutierung von Mentorinnen und Mentoren kann es hilfreich sein, über die Benefits von Mentoring auch für die „Gebenden" (Mentoren) nachzudenken und diese in der Ansprache deutlich herauszustellen. Dieser Mehrwert wird in drei Kategorien eingeteilt:

- dem Unternehmen und Mentees „Gutes" zu tun
- Befriedigung intrinsischer Motive
- Wertschätzung/Stärkung des Ansehens der eigenen Person in der Organisation

Im Folgenden wird auf die Kategorien genauer eingegangen, die – wie in Kap. 2 beschrieben – auch eine positive Auswirkung auf Engagement und Retention haben.

4.3.2.1 Wertschätzung und Anerkennung sowie Stärkung des eigenen Ansehens

Auch wenn für die Tätigkeit als Mentor ein Bonus gezahlt wird, was eher unüblich ist, werden Mentorinnen und Mentoren primär durch den immateriellen Mehrwert ihrer Mentorentätigkeit belohnt und motiviert. Von der Unternehmensführung und Programmleitung als Kandidat in Betracht gezogen zu werden, gelebte Erfahrungen, fachliche und soziale Kompetenzen weiterzugeben, wird meist von potenziellen Mentorinnen und Mentoren als Zeichen der Anerkennung der Expertise und Seniorität erlebt (Schmid und Haasen 2011). Zusätzlich kann sich die Tätigkeit als Mentor oder Mentorin auch auf die eigene Leistungsbeurteilung positiv auswirken. So zeigt die Forschung, dass die Leistung von Personen, die sich als Mentorinnen oder Mentoren engagieren, oft von ihren Vorgesetzten positiver eingeschätzt wird (Gentry et al. 2008). Dies könnte dann besonders der Fall sein, wenn die Entwicklung von Mitarbeitern explizit in den Führungskompetenzen eines Unternehmens verankert und beurteilungsrelevant ist.

Auch tragen sichtbare Würdigungen seitens der Organisation dazu bei, dass sich Managerinnen und Manager als Mentoren engagieren. Dies kann geschehen in Form von Urkunden oder anderen Symbolen. In der Praxis hat sich zum Beispiel die Verleihung einer Urkunde durch den CEO auf dem jährlichen Management-Forum als sehr motivierend erwiesen, da es als Zeichen der expliziten Wertschätzung und Anerkennung wahrgenommen wurde. Aber auch bei diesen offiziellen Formaten muss jede Organisation die zu ihr passende Form wählen.

Diese Würdigung seitens des Unternehmens wird bei gelingendem Mentoring durch die Beziehungen zu den Mentees ergänzt, die in vielen Fällen durch die tiefer reichenden, häufig auch persönlichen Themen von den Mentorinnen und Mentoren als besonders erfüllend empfunden werden.

4.3.2.2 Selbstreflexion erleben

Im Austausch zwischen Mentorinnen, Mentoren und Mentee werden die Themen zwar in erster Linie von den Mentees bestimmt. Gleichwohl profitieren Mentorinnen und Mentoren auch im Prozess der Rückbesinnung auf die eigenen beruflichen Erfahrungen und Werte. Durch die ehrliche und offene Reflexion der eigenen Entscheidungen und Verhaltensweisen können „Aha-Momente" entstehen, in denen sich auch die Mentorinnen und Mentoren über die Zusammenhänge, Konsequenzen und Alternativen klarer werden. Zudem können die Fragen und Sorgen der Mentees die Selbstwahrnehmung als Experte oder Führungskraft bereichern, da in dem vertraulichen Austausch stärker als im beruflichen Alltag, in dem positionsadäquates Handeln primär im Sinne der Organisation erfordert wird, die eigenen Werte, Einstellungen und Verhaltensmuster hinterfragt werden können. Selbstwahrnehmung wird gerade im unternehmerischen Kontext auch durch 360-Grad-Feedback als sehr valides Instrument beleuchtet, jedoch hat der auf einer starken interpersonellen Beziehung basierende vertrauliche Austausch noch eine andere Qualität: Feedback oder Kritik wird am ehesten dann akzeptiert, wenn das Gespräch auf der Grundlage allgemeinen Wohlwollens geführt wird (Leonhardt 1991).

4.3.2.3 Führungskompetenz erweitern

Einige Mentorinnen und Mentoren laden Mentees auch explizit dazu ein, ihnen Feedback hinsichtlich ihres Führungsverhaltens zu geben. Denn gerade hinsichtlich des Führungsstils unterscheiden sich die Vorstellungen der Generationen jüngerer und älterer Mitarbeiter in Unternehmen häufig (siehe Kap. 5), so dass Mentoring durch die wechselseitige Reflexion wichtige Entwicklungsimpulse in beide Richtungen geben kann: Wie erleben Nachwuchskräfte das konkrete Verhalten der Mentoren in führungsrelevanten Situationen? Wie beurteilen sie das geschilderte Verhalten von ihren Mentorinnen und Mentoren? Aber auch in umgekehrten Rollen: Wie wirkt das im Mentoring geschilderte Verhalten der Mentees gegenüber ihren Vorgesetzten auf die Mentorinnen und Mentoren? Was wünschen sich Mentees von Vorgesetzten? Wie könnten sich die Mentorinnen und Mentoren stärker auf die jungen Nachwuchskräfte einstellen? Welche organisatorischen Parameter können gute Führung begünstigen? Was ist eine gute Führungsspanne? Wie stehen Mentorinnen, Mentoren und Mentee neuen Konzepten wie „geteilter Führung" (Pearce und Conger 2002) gegenüber? Wie beeinflusst die Digitalisierung das Thema Führung? Gerade beim Thema „gute Führung", die hoch relevant ist für den Erfolg einer Organisation, gibt es viele Aspekte, zu denen der Austausch sowohl für Mentees als auch für Mentorinnen und Mentoren sehr bereichernd sein kann.

4.3.2.4 Wissen weitergeben und Gutes tun

Mentorinnen und Mentoren erleben es meist als bereichernd und motivierend, ihre Expertise an jüngere Kolleginnen und Kollegen weiterzugeben und sie in ihrer Entwicklung begleiten zu können (Schmid und Haasen 2011). Das Bedürfnis, aktiv etwas an die nächste Generation weiterzugeben, spielt nicht nur im privaten Bereich, sondern auch in der beruflichen Biografie eine große Rolle. Dieses Motiv der Generativität, das der deutsch-amerikanische Psychoanalytiker und Entwicklungspsychologe Erik Erikson beschrieben hat, spielt vor allem im höheren Lebensalter eine zunehmende Rolle und motiviert erfahrene Mitarbeiter und

Mitarbeiterinnen dazu, sich für die Interessen und die Entwicklung der nächsten Generation einzusetzen. Dieses Bedürfnis kann im Mentoring sehr gelungen realisiert werden und kann von Unternehmen stärker als Mehrwert in der beruflichen Entwicklung älterer Mitarbeiter und Mitarbeiterinnen genutzt werden, deren Karriere ein Plateau erreicht hat. Dies gilt auch für Mitarbeiter und Mitarbeiterinnen, die eine vertikale Entwicklung der Karriere nicht weiter als erfüllend ansehen und sie deswegen nicht anstreben. So empfinden es Mentorinnen und Mentoren oft als bereichernd, etwas „zurückgeben" zu können, besonders wenn sie selber in einer früheren Phase ihres Lebens in den Genuss von Mentoring gekommen sind. Viele Personen, die lange in profit-orientierten Organisationen tätig sind, ziehen deswegen Befriedigung daraus, altruistisch tätig zu sein.

4.3.3 Die richtigen Mentorinnen und Mentoren auswählen

Nicht nur die persönlichen Eigenschaften der Mentees, sondern auch die der Mentorinnen und Mentoren beeinflussen das Gelingen des Mentoring maßgeblich (Allen und Eby 2003). Welche das sind und wer geeignete Mentoren sind, hängt auch wieder von den Zielen des Programms ab. Im Talent Management sollten es Mentoren sein, die die drei Hauptfunktionen des Mentoring nach Kram (1985), nämlich

- Karriereförderung,
- Unterstützung der psychosozialen Entwicklung und
- Role Modeling

fördern können. Sie verfügen oft über umfangreiches Wissen und Erfahrungen auf einem Gebiet, z. B. Leadership, haben großen organisatorischen Einfluss und sind idealerweise als Mentorin oder Mentor eine Mischung aus Experte, Freund und Förderer (vgl. Abb. 4.6).

Meist legen Unternehmen bei der Auswahl der Mentorinnen und Mentoren auch formelle Kriterien an wie z. B. die Zugehörigkeit zu einer Hierarchiestufe, erbrachte Leistungen oder Karriereschritte bzw. Erfahrungen. Die entscheidenden Eigenschaften sind jedoch nicht diese objektiven Kriterien, sondern, wie bei den Mentees, die richtige Motivation, persönliche Eigenschaften und Kompetenzen sowie der Wille, das Programm erfolgreich zu gestalten.

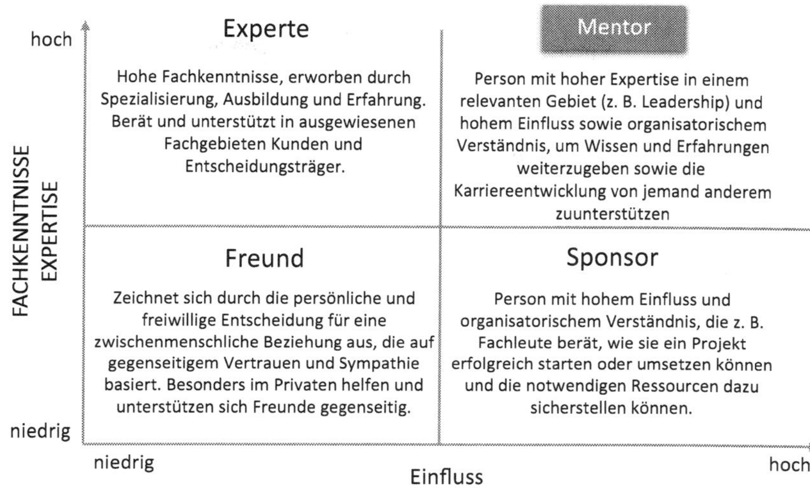

Abb. 4.6 Vergleich Mentor–Sponsor. (Quelle: eigene Darstellung nach Tracom 2007)

4.3.3.1 Commitment

Ganz oben auf der Wunschliste der Eigenschaften von Mentorinnen und Mentoren rangiert deswegen Commitment, ohne das Mentoring nicht gelingt (Allen und Eby, 2008; Liebhart und Stein, 2016). Wie auch bei den Mentees spielen Motivation und Commitment die wichtigste Rolle und tragen zum Gelingen bei. Dieses Commitment hat auch einen Einfluss auf die Ressource „Zeit". Sicherlich gibt es Situationen, in denen Mentorinnen und Mentoren in Projekten eingebunden sind und einfach keine zusätzlichen Ressourcen haben. Im „normalen" Wahnsinn des beruflichen Lebens entscheiden das Commitment und die Motivation, wie die Ressource Zeit und Engagement eingeteilt wird. Deswegen sollte die Teilnahme an solchen Programmen für Mentorinnen und Mentoren auch immer freiwillig sein. Mentorinnen und Mentoren sollten Mentoring immer aus den richtigen Gründen tun, nämlich weil sie die Entwicklung des Nachwuchses unterstützen wollen, und nicht, weil sie vom Management dazu verdonnert wurden. Ebenso ist es absehbar, wie die Treffen ablaufen und wie oft sie überhaupt stattfinden, wenn Mentoren nicht genügend Commitment haben: nämlich gar nicht.

4.3.3.2 Kompetenzen

Gefolgt wird das Commitment von den „üblichen Verdächtigen" aus den vier Kompetenzfeldern fachliche, methodische, soziale und Selbstkompetenz (siehe Kompetenzfelder nach Heyse und Erpenbeck in Kap. 2) mit einem besonderen

Augenmerk auf den sozialen Kompetenzen wie Kommunikationsfähigkeit und der Fähigkeit, Feedback zu geben, die für beziehungsbasiertes Lernen und psychosoziale Entwicklung besonders wichtig sind. Auf Platz zwei rangieren die Selbstkompetenzen wie Authentizität und Glaubwürdigkeit, die im Talent Management maßgeblich zum Role Modeling durch Mentorinnen und Mentoren beitragen. Eine weitere Kompetenz, die wichtig ist für das erfolgreiche Gelingen von Mentoring, ist Empathie (Allen 2003; Liebhart und Stein 2016). Mit Empathie tragen Mentorinnen und Mentoren stark zur Gestaltung der Beziehungsebene bei, indem sich Mentees mit ihren Anliegen und Fragen ernst genommen fühlen. Empathie in Verbindung mit Authentizität signalisiert auch, dass Mentorinnen und Mentoren wirklich daran interessiert sind, Mentees bei ihrer Entwicklung zu helfen.

Wie findet man nun heraus, wer all diese Voraussetzungen mitbringt? Ein Assessment oder eine Bewerbung könnte von Personen, die dies freiwillig und zusätzlich machen und meist einer höheren Hierarchieebene angehören, als unpassend empfunden werden und sich somit sogar kontraproduktiv auswirken. In der Praxis hat sich bewährt, Mentorinnen und Mentoren eine Art Selbstevaluation durchführen zu lassen, ob sie die notwendigen Voraussetzungen in Form von Kompetenzen, Zeit und notwendigem Commitment mitbringen. Auf Grundlage eines Fragebogens können sie reflektieren und sich entscheiden, ob sie diese Rolle annehmen möchten und können (siehe Kap. 7). Ebenso dient dieser Fragebogen als Grundlage für die Programmleitung, um mögliche Vorbehalte im persönlichen Gespräch auszuräumen und mit etwas „Nudging“, also einem kleinen Stupser (Thaler und Sunstein 2009), den einen oder anderen doch noch zu überzeugen, sich nachhaltig zu committen.

4.4 Matching: Tandems „made in heaven“

Wie bereits bei „Auswahl der Mentorinnen und Mentoren“ aufgeführt, kommt dem Matching der Tandems – besonders bei formellen Programmen – eine hohe Bedeutung zu. Ein nicht erfolgreiches Matching ist bei dieser beziehungsebenenbasierten Lernintervention einer der Hauptgründe für Scheitern. Bei informellem Mentoring gibt es diese Hürde nicht, denn die Beziehungsebene ist oft die einzige Entscheidungsgrundlage für die Auswahl und hat sich auch als die stabilste Grundlage erwiesen (siehe Kap. 3). Sicherlich ist kein Programm davor gefeit, dass Tandems nicht gut funktionieren oder die gegenseitigen Erwartungen nicht erfüllen, aber im Vorfeld sollte jede Organisation versuchen, die Erfolgschancen von Tandems durch gutes Matching zu erhöhen.

4.4.1 Matching-Prozess festlegen

In formellen Mentoring-Programmen geschieht das Matching normalerweise nicht eigenverantwortlich durch die Teilnehmenden. In den meisten Fällen ist die Organisation in den Matching-Prozess involviert, da sie gewisse Ziele mit dem Mentoring erreichen und die Erreichung der Ziele durch eine Steuerung zumindest der formalen Kriterien beeinflussen möchte. In welcher Form und in welchem Umfang die Organisation involviert ist, hängt nicht nur von den Zielen des Programmes ab und letztlich auch den Ressourcen sowie der Kultur des Unternehmens. So können Unternehmen das Matching vornehmen lassen

- durch ein Entscheidungsgremium
- durch die Leitung des Programms
- computergestützt wie bei einem Dating-Portal nach festgelegten Kriterien
- durch Assessments
- als persönliche Entscheidung nach „Speed Dating" von potenziellen Mentorinnen und Mentoren und Mentees
- nach einem gemeinsamen Kinoabend, bei dem die Mentees durch eine Videobotschaft überzeugen müssen
- mithilfe von Externen
- durch einem Mix davon.

In der unternehmerischen Praxis hat es sich als hilfreich erwiesen, wenn der Matching-Prozess auch etwas Spaß macht und die Beteiligten ein gewisses Mitspracherecht haben, um nicht das Gefühl der „Zwangsheirat" aufkommen zu lassen.

4.4.1.1 Input der Teilnehmer zulassen

Die Ziele des Programms und die Unternehmenskultur entscheiden auch, wie viel Input seitens der Mentees und des Mentors in den Matching-Prozess einfließt, reichend von „gar nicht" bis zur kompletten Selbstauswahl entweder durch Mentorinnen und Mentoren oder Mentees. Auf jeden Fall ist es für den Erfolg des Programms förderlich, wenn Teilnehmer in das Matching involviert sind (vgl. Allen et al. 2009). Durch die wahrgenommene Selbstbestimmung und Verantwortung für die Auswahl wird ein entscheidendes Erfolgskriterium positiv beeinflusst: das eigene Commitment. Besonders im Talent Management können im Rahmen der psychosozialen Entwicklung die Selbstführung und Übernahme von Verantwortung in Form von hohem Input der Mentees förderlich für die Ziele des Programmes sein.

Jedoch ist aus der unternehmerischen Praxis davon abzuraten, das Matching komplett den Teilnehmenden zu überlassen. Dies kann zu peinlichen Situationen führen, wenn z. B. der Wunsch-Mentor nicht mit dem Mentee zusammenarbeiten möchte oder einige Mentorinnen oder Mentoren ständig angefragt werden und andere gar nicht. Absolut wichtig ist, dass jegliche Absagen für alle Beteiligten gesichtswahrend erfolgen. Hier ist wieder das Fingerspitzengefühl der Programmleitung gefragt. Als sehr verlässlicher Prozess hat sich erwiesen, wenn die Mentees aus einer priorisierten Vorauswahl ihren Wunsch-Mentor wählen und die Programmleitung mit dem Bewerbungsschreiben des Mentees quasi als „Matchmaker" mit dem potenziellen Mentor oder der Mentorin Kontakt aufnimmt. Die Motivation und das Interesse des Mentees an der eigenen Person haben auch oftmals den Effekt, dass diese seitens des Mentors oder der Mentorin als Wertschätzung wahrgenommen werden und dadurch die Bereitschaft zum Mentoring und das Commitment des Mentors noch einmal steigen. Die Bekanntgabe der Tandems sollte auch idealerweise im Vieraugengespräch zwischen Programmleitung und Mentee erfolgen, um eventuelle Nachfragen zum Programm gleich produktiv zu beantworten, Wünsche der Mentees an den Mentor oder die Mentorin zu kalibrieren oder im Vorfeld abzustimmen, damit keine Dissonanzen entstehen.

4.4.1.2 Matching-Kriterien: Gleich und Gleich gesellt sich gern?

Beim Matching können folgende Kriterien hinzugezogen und bewusst von der Organisation – je nach Zielsetzung des Programmes – als Rahmenbedingung vorgegeben werden. Sie sollten, wenn sie vom Steering Committee festgelegt wurden, kommuniziert und konsistent genutzt werden, um ein höchstmögliches Maß an Transparenz zu ermöglichen (siehe dazu Abschn. 4.1.4, Kommunikation). Mögliche Kriterien können sein:

- Geografie/räumliche Nähe
- Organisatorische Einbindung (Hierarchiestufe, Funktionsbereich, Business Unit, Berichtslinie)
- Demografische Kriterien (Geschlecht, Alterskohorte bzw. Generation, Herkunft)
- Ähnlichkeit der Tandempartner bzw. gemeinsame Interessen und Werte

Auch wenn heterogene Tandems analog zu heterogenen Gruppen einen größeren Lerneffekt haben können, hat sich Ähnlichkeit in Bezug auf Interessen und Werte als besonders förderlich für Mentoring-Beziehungen herausgestellt (Allen und Eby 2003). Räumliche Nähe, scheinbar eine Grundvoraussetzung für beziehungsbasiertes Lernen mit der Notwendigkeit von Treffen, tritt in den Hintergrund oder wird ersetzt durch E-Mentoring, wenn die Beziehungsebene stabil ist (siehe Kap. 3 zu E-Mentoring). Besonders für die Generation Y (siehe Kap. 5) tritt dieses Kriterium noch mehr in den Hintergrund.

Und auch demografische Kriterien spielen eine geringere Rolle als erwartet, bzw. es gibt keine klare Forschungslage zu besonders gelungenem Matching basierend auf Demografie. Besonders das Geschlecht, wenn es sich nicht um ein geschlechterspezifisches Mentoring-Programm handelt, scheint keine ausschlaggebende Rolle für das Gelingen einer Mentoring-Beziehung zu spielen (O'Brien et al. 2010).

Klare Empfehlungen gibt es jedoch zu der organisatorischen Einbindung. Der Mentee sollte **außerhalb** der Berichtslinie des Mentors stehen. Dafür gibt es mehrere Gründe:

- Potenzielle Konflikte zwischen Beurteilung und Mentoring
- Befürchtungen bezüglich der Vertraulichkeit der Mentoring-Inhalte
- Fehlende neue organisatorische Perspektiven, Networking und „Sichtbarmachung" außerhalb des eigenen Bereichs

Es handelt sich also um alles, was sich negativ auf den Aspekt „Karriereförderung" des Mentoring auswirken könnte. Dies sind auch die Gründe dafür, warum ein Matching nicht nur außerhalb der Berichtslinie des Mentors sinnvoll ist, sondern auch förderlicher außerhalb des eigenen Funktionsbereichs sein kann. Ob dies der Fall ist, hängt aber auch von den Zielen der Mentees ab. So kann zum Beispiel ein Mentee im Engineering es als sehr bereichernd empfinden, einen Mentor auch aus dem Engineering, aber aus einer anderen Business Unit und anderen Region zu haben, um neue Perspektiven auf Engineering oder Karrieren darin zu entdecken. Für andere Mentees könnte jedoch die Wahl eines Mentors explizit in einem anderen Funktionsbereich ausschlaggebend sein für eine Perspektiverweiterung. Hier ist auch wieder der persönliche Input der Mentees und der Mentorinnen und Mentoren ausschlaggebend.

Unbedingt sollte ein **Unterschied in den Hierarchiestufen** der Teilnehmerinnen und Teilnehmer bei Mentoring im Talent Management gegeben sein, damit die förderlichen Ziele erfüllt werden können. Jedoch sind die Ansichten unterschiedlich, wie viele hierarchische Stufen ideal sind. Für größere Unterschiede spricht, dass die Mentorinnen und Mentoren mehr organisatorische Erfahrung haben und ein größeres Netzwerk. Ebenso haben sie aufgrund der höheren Position und der damit verbundenen Möglichkeit der Einflussnahme bzw. Ausübung von Macht eine stärkere Vorbildfunktion. Andererseits kann gerade diese Vorbildfunktion durch eine zu große organisatorische Distanz abgeschwächt werden, weil diese Mentorinnen und Mentoren „zu weit weg" sind, um sich mit ihnen zu identifizieren. Gerade bei der Generation Y könnte sich die richtige Größe der Hierarchiestufe auf den Erfolg des Mentoring auswirken (siehe Kap. 5). Unabhängig von diesen beiden Perspektiven muss jedoch immer ein gewisser hierarchischer Unterschied beim Mentoring im Talent Management gegeben sein, um die in Kap. 2 beschriebenen Ziele zu erreichen.

4.5 Das Mentoring-Programm erfolgreich managen

Aufgrund der hohen intrinsischen Motivation der Mentees im Talent Management in Form von Lernbereitschaft und dem Wunsch nach Karriereentwicklung könnte man davon ausgehen, dass es als Intervention der Organisation reicht, das Matching zu unterstützen und gewisse Parameter wie z. B. die Länge des Programms festzulegen. Die ist jedoch nicht der Fall, wie Forschung und Praxiserfahrungen zeigen. Ohne Strukturen und Prozesse rutscht das Mentoring schnell in ein informelles ab und es ist so gut wie unmöglich, zu bewerten und zu messen (siehe Abschn. 4.6), ob das Mentoring überhaupt seine geplanten Ziele erreicht hat.

Die Aspekte, die für die erfolgreiche Durchführung eines Mentoring festgelegt werden sollten, sind sowohl inhaltlich als auch prozessual. Sie umfassen meist die folgenden Punkte (vgl. Allen et al. 2009):

1. **Vertraulichkeit** innerhalb des Tandems und außerhalb des Tandems, z. B. Schnittstelle mit HR oder Vorgesetzten in Bezug auf angedachte Entwicklungsmaßnahmen
2. Erwartungen an das Tandem
3. **Länge** der offiziellen Mentoring-Beziehung sowie **Häufigkeit** und **Art** der Interaktionen
4. **Rahmenprogramm** wie Netzwerkveranstaltungen, Auftaktveranstaltung, **Training** und Vorbereitung von Mentoren und Mentees
5. Organisatorisches **Monitoring**

Diese Aspekte sind auch wieder von den Zielen des Programmes, Ressourcen und der Kultur der Organisation abhängig und sollten dementsprechend individuell gestaltet werden. Andere Aspekte sind wiederum universell, und es gibt klare Empfehlungen. Im Folgenden werden diese ausführlich erläutert.

4.5.1 Vertraulichkeit und Informationsfluss vereinbaren

► Vertraulichkeit ist die Grundlage jedes Mentoring-Programms.

Die offensichtlichste Empfehlung ist die der vertraulichen Behandlung von Informationen innerhalb und auch außerhalb des Tandems. Dass die Informationen innerhalb des Tandems bleiben, ist selbstverständlich, da Vertrauen die Basisannahme für das Gelingen von Mentoring ist, besonders bei den Aspekten

„psychosoziale Entwicklung“ und „Karriereförderung“ der Mentees. Kein Mentee möchte seine persönliche Entwicklung und seine Karriereambitionen veröffentlicht sehen. Aber auch in die umgekehrte Richtung müssen Mentorinnen und Mentoren davon ausgehen können, dass kommunizierte Erfahrungen oder Beispiele aus der unternehmerischen Praxis nicht am Schwarzen Brett des Unternehmens oder als Facebook-Post wiederzufinden sind.

Jedoch muss die Organisation festlegen, wie mit Informationen außerhalb des Tandems umgegangen werden soll. Es kann durchaus Informationen aus dem Mentoring geben, die im Rahmen des Talent Management sogar weitergegeben werden sollen, da sie die Entwicklung des Mentees unterstützen. Hier handelt es sich z. B. um Infos oder Wünsche über weiterführende Karriereinteressen der Mentees, die relevant für HR für die Nachfolgeplanung der Organisation und die Einleitung von Entwicklungsmaßnahmen sein können. Von wem und an wen sollen diese Infos und Wünsche kommuniziert werden? Von den Mentees selber an HR? Oder von Mentorinnen und Mentoren? Und wie werden Vorgesetzte über die Wünsche der Mentees oder mögliche weiterführende Maßnahmen informiert, damit sie nicht aus allen Wolken fallen, wenn ein Mitarbeiter an einer ihnen vollkommen unbekannten Maßnahme teilnimmt oder teilnehmen möchte, die aufgrund des Mentoring von HR initiiert wurde? Und darf der Mentor, wieder im Rahmen des Talent Management, nach seiner Meinung zu einem High-Potential-Status des Mentees gefragt werden?

Gerade im Talent Management, wo das Mentoring auch der Karriereförderung dient, sind hier seitens der Organisation klare Regeln festzulegen, welche Art von Informationen weitergegeben werden dürfen und von wem an wen. Diese Regeln müssen auch wiederholt kommuniziert, akzeptiert (z. B. durch den Mentoring-Vertrag, siehe Kap. 7) und eingehalten werden. Die Nichteinhaltung kann dazu führen, dass die Grundlage eines Mentoring-Programms, die Vertraulichkeit, zerstört und das Programm nachhaltig beschädigt wird. Dabei liegt die Gefahr hier besonders in den guten Absichten. Die Praxis hat gezeigt, dass die meisten Informationsweitergaben, die als Vertrauensbrüche gewertet wurden, nicht intendiert, sondern wohlwollend gemeint waren als beabsichtigte Förderung der Mentees gegenüber Dritten. Auch sollte festgelegt werden, mit wem und wie über die Struktur des Tandems, besonders bei Nichtfunktionieren, gesprochen werden kann, damit weder Mentoren noch Mentees geschädigt werden. Meist ist es die Programmleitung, die am ehesten gesichtswahrend für alle intervenieren kann.

4.5.2 Erwartungen an das Tandem definieren

Ebenso sollten **Erwartungen** an das Tandem festgelegt und kommuniziert werden, damit die beiden nicht einfach „aufeinander losgelassen“ werden. Dafür sollten Mentees und Mentoren den Fokus ihres Mentoring und mögliche Ziele festlegen. Auch wenn Kritiker die Festlegung von Zielen in den Bereich des Coaching verweisen, hat sich Mentoring, das nicht vollkommen thematisch freischwebend ist, als effektiver herausgestellt (siehe Kap. 6). Definitiv müssen sich Mentorinnen, Mentoren und Mentees über ihre Erwartungen austauschen und dies abstimmen, damit es nicht zu Dissonanzen kommt. Möglicherweise hat jeder eine andere Vorstellung von Mentoring, die abgeglichen werden muss gegen die des anderen und auch gegen die Vorstellungen bzw. die Zielsetzung der Organisation. So beugt man auch frühzeitig Missverständnissen zum Thema „Karriereförderung“ vor, z. B. in Bezug darauf, was Mentoren für Mentees möglich machen können. Dies gilt ebenso im umgekehrten Sinn, dass karriereorientierte Mentees, die auch „gefallen wollen“, keine zusätzliche Arbeitskraft für Mentoren und deren Projekte sind.

Zusätzlich zu Fokus und Erwartungen sollte auch besprochen werden, welche Herausforderungen und Hindernisse es geben könnte wie z. B. ein beurteilungsrelevantes Projekt, an dem beide direkt oder indirekt beteiligt sind, oder eine längere Abwesenheit durch Auslandsaufenthalt, und wie man mit den Herausforderungen umgeht. Wichtig ist auch, im Vorfeld bereits festzulegen, welche Themen grundsätzlich vom Mentoring ausgeklammert werden sollen. Analog zur Stärkung des Mentoring-Prozesses durch gemeinsame Werte und die Motivation, es erfolgreich zu gestalten, bewirken ein Abgleich der Erwartungen und das Schaffen eines gemeinsamen Verständnisses eine höhere Akzeptanz und tragen maßgeblich zum Gelingen des Mentoring bei.

4.5.3 Länge des Programms, Häufigkeit und Art der Treffen vereinbaren

Ebenso sollte die durchführende Organisation die **Gesamtlaufzeit des Programms** vorgeben und Empfehlungen für die **Häufigkeit** sowie die **Länge und Art der Tandem-Meetings** aussprechen.

Die Länge des Programms richtet sich auch wieder primär nach den Zielen des Programms und den Ressourcen der Organisation. Die meisten Programme laufen offiziell zwischen sechs Monaten und bis zu drei Jahren. Eine klare Empfehlung gibt es nur für die Untergrenze: Eine kürzere Laufzeit als sechs Monate ist aus der Forschung und unternehmerischen Praxis nicht zu empfehlen, da Ziele kaum erreicht werden können (Miller 2007). Die Obergrenze definiert sich nach dem Ziel. Wenn im Rahmen der Befüllung der Talent Pipeline viele Nachwuchskräfte durch das Programm laufen sollen, wird es wahrscheinlich nicht auf drei Jahre ausgelegt sein, um möglichst viele zum Zuge kommen zu lassen, sondern sich bei ca. 12 bis 18 Monaten einpendeln. Bei Programmen für Personen im mittleren Management, die im Rahmen des Talent Management auf eine Position im Top-Management vorbereitet werden sollen, können jedoch drei Jahre sinnvoll sein. Bei der Festlegung der Länge des Mentoring-Programms handelt es sich auch nur um die organisatorische Vorgabe für den offiziellen Teil. Oftmals entscheiden sich Tandems, das Mentoring außerhalb des offiziellen Rahmens informell weiterzuführen. Auch dies sollte am Ende des offiziellen Teils besprochen werden, um die gegenseitigen Vorstellungen abzugleichen, sei es im Hinblick auf die Möglichkeit der Fortführung oder dessen Format.

Während des offiziellen Teils des Programms sollte innerhalb des Tandems verbindlich vereinbart werden, wie häufig, wie lange und auf welche Art und Weise die Interaktionen stattfinden. Generell ist es so, dass eine hohe Frequenz und längere Zeiteinheiten zu größeren Effekten führen. Und letztlich hängt es von dem jeweiligen Tandem ab, wie viel Zeit es für Mentoring einräumen kann. Jedoch macht es Sinn, wenn die Organisation gewisse Parameter vorgibt, wie z. B. sechs Meetings in einem Jahr, damit Mindeststandards nicht unterschritten werden und der Erfolg des Programms nicht gefährdet wird. Wie diese Mindeststandards aussehen, muss jede Organisation auch wieder mit Hinblick auf die Ziele und Ressourcen der Organisation entscheiden. Da bei Mentorinnen und Mentoren die Ressource Zeit meist knapp bemessen und einer der Hauptgründe für das Ablehnen der Teilnahme ist, sollten ihre Vorstellungen zu dem, was leistbar ist, auch von vornherein bei der Programmgestaltung mit einbezogen (siehe Steering Committee) werden. So kann ein Standard vorgeschlagen werden, der effektiv mit Hinblick auf die Erreichung der Ziele und effizient in Bezug auf die Ressource Zeit ist.

Die Spanne der Frequenz der Meetings kann von wöchentlichen Interaktionen bis Treffen ein Mal pro Quartal reichen und die Länge der Meetings (bei einer niedrigen Frequenz können sie kürzer sein) von 45–60 min bis drei Stunden. Empfehlenswert ist auch eine langfristig geplante Regelmäßigkeit der Interaktionen, da es erfahrungsgemäß nicht leicht ist, in einem vollen Kalender ad hoc noch eine Lücke zu finden. Ebenso sollte vermieden werden, Treffen abzusagen, da dies sowohl von den Mentorinnen und Mentoren als auch den Mentees als Zeichen des fehlenden Commitment interpretiert werden kann. Sicherlich wird auch hier den hierarchisch höher gestellten und organisatorisch eingespannteren Mentorinnen und Mentoren noch etwas mehr Freiheit eingeräumt als den Mentees der Generation Y, die zu Recht oder Unrecht vermuten, dass ihnen eine Absage ihrerseits als sogenannter CLM (career-limiting move) ausgelegt werden könnte. Deswegen sollten im Rahmen des Abgleichs der Erwartungen auch die technischen Dinge, wie Art der Kommunikation und mögliche Absage, deren Form und Vorlauf sowie akzeptable Gründe, angesprochen und festgelegt werden. Dadurch wird auch vermieden, dass mögliche unterschiedliche Werte der Nachwuchskräfte der Generation Y und ihren älteren Mentorinnen und Mentoren bei diesem Thema aufeinanderprallen (siehe Kap. 5).

Die präferierte und empfohlene **Form der Interaktion** ist natürlich das persönliche Treffen, was auf alle beziehungsbasierten Interventionen zutrifft. Gerade beim Geben von Feedback oder bei vertraulichen Themen sind die nonverbalen Signale von hoher Bedeutung. Jedoch sind in Zeiten der Globalisierung und Digitalisierung persönliche Treffen unrealistisch, teilweise kontraproduktiv, weil mögliche Reisen das Zeitbudget noch mehr beanspruchen, und auch nicht notwendig, da beide Beteiligten mit virtuellen Meetings gut zurechtkommen (siehe Kap. 5 zur Generation Y und Kap. 3 zur Qualität von E-Mentoring). Auch kann es eine Anforderung an Nachwuchskräfte bzw. High Potentials sein, im Rahmen des Ausbaus der Kompetenz „Digitales Know-how oder Kommunikation" diese sehr beziehungsbasierte Form der Zusammenarbeit erfolgreich mit Skype, E-Mail, WhatsApp etc. zu gestalten. Jedoch empfiehlt es sich, zumindest das oder die ersten Treffen persönlich zu gestalten, damit eine solide Basis basierend auf Wertschätzung, gemeinsamen Werten und Motiven für die erfolgreiche Zusammenarbeit gelegt werden kann. Dafür ist der persönliche Kontakt immer noch unersetzlich. All die oben angeführten Punkte zur Frequenz der Treffen und zur Kommunikation sollten in einem Mentoring-Vertrag (siehe Kap. 7) symbolisch festgelegt werden. Dieser Vertrag ist natürlich kein formeller Vertrag, hilft aber, die Rahmenbedingungen und Inhalte sowie Erwartungen zu durchdenken und zu einem gemeinsamen Verständnis zu kommen.

4.5.4 Ein Rahmenprogramm organisieren

Zu der Struktur eines Mentoring-Programms gehören auch geplante Aktivitäten zusätzlich zu den Meetings der Tandems. Dabei gibt es vielerlei Maßnahmen, die zentraler Bestandteil des Mentoring-Prozesses sein können, wie eine Auftaktveranstaltung, ein Training der Mentorinnen, Mentoren und Mentees oder flankierende Maßnahmen, die an dem Ziel des Mentoring ausgerichtet sind.

Als besonders wirksam haben sich ein **Training** oder Einführungsmaßnahmen für Mentorinnen, Mentoren und Mentees in der Forschung und Praxis erwiesen, weil sie das Verständnis für Mentoring stärken, Rollenklarheit herbeiführen, Rahmenbedingungen und Prozesse erklären sowie die Ziele des Programms und idealerweise das Commitment stärken (Garvey und Westlander 2013). Werden die Grenzen der Kompetenz und Aufgaben von Mentorinnen und Mentoren in den vorbereitenden Qualifizierungsmaßnahmen nicht deutlich und klar, fühlen sie sich möglicherweise überfordert oder übernehmen Verantwortung, die bereits von anderen Personalentwicklungsmaßnahmen wie Trainings oder Feedbackgesprächen abgedeckt wird. Zum anderen sollten Mentorinnen und Mentoren auch darin geschult sein, Erfahrungen und Anregungen so zu vermitteln, dass aufseiten der Mentees das Gefühl entsteht, weder diesen Vorschlägen nachkommen zu müssen noch über die eigenen Verhaltensweisen und Entscheidungen gegenüber dem Mentor Rechenschaft ablegen zu müssen (Weber und Rademacher 2016). Mit den richtigen Qualifikationsmaßnahmen und Erwartungen kann Mentoring zu einem vielseitigen Gewinn an organisationaler, fachlicher und persönlicher Kompetenz führen.

Diese Veranstaltungen sollten für Mentoren und Mentees getrennt durchgeführt werden, um zielgruppenspezifische Fragen adressieren zu können. Die Länge hängt auch wieder von den Ressourcen ab. Da es in einigen Organisationen aufgrund der geografischen Verteilung nicht möglich ist, diese Veranstaltungen oder Trainings abzuhalten, oder aufgrund der Kultur auch nicht erwünscht ist, damit Ressourcen zu binden, empfiehlt es sich, zumindest ein Toolkit – einen sogenannten „Werkzeugkoffer“ mit Materialien – zusammenzustellen. In dieses Toolkit können zum Beispiel alle Unterlagen aus Kap. 7 eingestellt werden und noch individuelle Informationen für die jeweilige Zielgruppe. Ebenso empfiehlt es sich, die Programmleitung und deren Kontaktdaten für Rückfragen und als Ansprechpartner bei möglichen Problemen mit anzugeben. Idealerweise nimmt die Programmleitung besonders mit den Mentorinnen und Mentoren aber auch mit den Mentees persönlichen Kontakt auf, um Fragen zu dem Toolkit oder Programm zu besprechen. Aus der Praxis empfiehlt es sich, trotz des berechtigten Wunsches nach Vollständigkeit diese Toolkits nicht zu umfangreich zu gestalten, sondern nur auf das Wesentliche zu beschränken, damit die Informationen auch gelesen werden.

Einen besonderen Effekt auf die wahrgenommene Wertigkeit und Wichtigkeit des Mentoring hat eine **Auftakt- und/oder Abschlussveranstaltung** mit Teilnahme des Senior Management, die deutlich dessen Commitment zeigt. Dieses sichtbare Commitment ist nicht zu unterschätzen für das Gelingen eines Programms und vermittelt den Teilnehmenden Wertschätzung seitens des gesamten Unternehmens. Bei solch einer Auftakt- oder Abschlussveranstaltung bietet es sich auch an, Mentorinnen und Mentoren für ihren Beitrag zur Nachwuchsförderung besonders zu würdigen (siehe Abschn. 4.3). Bei den flankierenden

Maßnahmen sind der Fantasie der Programmleitung keine Grenzen gesetzt. Hier kann wieder unter Berücksichtigung der Ziele, Ressourcen und letztlich auch Interessen der Teilnehmenden ein Blumenstrauß aus Maßnahmen zusammengestellt werden von Impulsvorträgen, Unternehmensbesuchen, Exkursionen, Fachvorträgen oder reinen Netzwerkveranstaltungen, um nur ein paar Beispiele zu nennen. Das Rahmenprogramm kann auch für Mentorinnen und Mentoren offen sein, wenn diese daran interessiert sind. Deren Teilnahme stärkt noch einmal die freundschaftlichen Aspekte des Mentoring und die Beziehungsebene. Und es dürfen in diesem Rahmenprogramm Aktivitäten stattfinden, die einfach nur Spaß machen, ganz nach dem Geschmack der Teilnehmer.

4.5.5 Monitoring des Programms

Last, but not least spielt das **Monitoring** des Mentoring-Programms eine Rolle. Hierbei ist grundsätzlich zu unterscheiden zwischen dem Monitoring des Prozesses einerseits und der **Evaluation** des Erfolges des Programmes andererseits. Da jedoch Monitoring oft maßgeblich zum Erfolg des Programmes beiträgt, ist es deswegen nicht komplett davon zu trennen.

Wie auch bei anderen Lerninterventionen trägt das **Monitoring** nicht nur zur planmäßigen Umsetzung bei, sondern zur Erreichung der gesteckten Ziele. Obwohl Monitoring manchmal negativ konnotiert ist als „Kontrolle“, erhöht Monitoring sogar die Zufriedenheit der Teilnehmer, indem es deren Commitment verstärkt und Verbindlichkeit erzeugt. Ebenso ermöglicht es rechtzeitig korrigierende Maßnahmen und signalisiert die Unterstützung des Programms durch die Organisation. Um das Monitoring effektiv und transparent zu gestalten, damit es weder in eine Überbelastung der Programmleitung mutiert oder doch als unnötige Kontrolle wahrgenommen wird, sollte beim Design des Programms gleich festgelegt werden (vgl. Allen et al. 2009),

- wie **oft** Monitoring durchgeführt wird (z. B. zwei Mal in einem einjährigen Programm, das erste Mal etwa einen Monat nach dem Matching und sechs Monate nach dem ersten Treffen),
- was der **Inhalt** des Monitoring ist (z. B. ob Interaktionen zwischen Mentor und Mentee auch stattfinden und deren Zufriedenheit mit den Treffen) und
- **wie** es durchgeführt wird (z. B. online durch Fragebögen oder durch persönliche Gespräche mit Mentoren und Mentees).

Auch hier hängt es wieder von der individuellen Ausgestaltung des Programmes und dessen Zielen sowie Ressourcen ab, was wann und wie im Monitoring erfasst wird. Jedoch empfiehlt sich aus der unternehmerischen Praxis, als Minimum das erste Treffen zwischen Mentor oder Mentorin und Mentee nachzuhalten. Ein typisches Problem von Mentoring ist nämlich, dass Treffen oder Interaktionen gar nicht stattfinden. Neben dieser Erhebung quantitativer Daten wie z. B. der Häufigkeit von Interaktionen ist es ratsam, auch die Qualität des Mentoring zu begleiten in Form von Fragen nach der Zufriedenheit und dem wahrgenommenen Fortschritt der Entwicklung. Dies kann sowohl für die Mentees als auch für die Mentorinnen und Mentoren erfolgen, um auch beide Perspektiven in Erfahrung zu bringen, da nicht zwangsläufig die Zufriedenheit oder Effektivität des Programms von allen Beteiligten gleich eingeschätzt wird. In dem Fall ist wieder das Fingerspitzengefühl der Programmleitung gefragt, um Differenzen zwischen Mentor oder Mentorin und Mentee auszuräumen, ggf. korrigierend einzugreifen oder auch notfalls Tandems zu beenden. Die Praxis hat jedoch gezeigt, dass dies äußerst selten der Fall ist und nur bei gravierenden Störungen, da meist alle bestrebt sind, das Beste aus dem Programm zu machen. Hilfreich ist es auch, wenn beim Design des Programmes gleich qualitative und quantitative Key Performance Indicators (KPIs) wie Häufigkeit der Meetings und Zufriedenheit festgelegt werden, die durch das Monitoring gemessen werden können.

4.6 Evaluation

Eine besondere Bedeutung kommt der Evaluation eines Mentoring-Programms zu als entscheidender Schritt im Funktionszyklus von Personalentwicklungsmaßnahmen (siehe Abschn. 4.1). Wie bei jeder anderen Intervention wird die berechtigte Frage nach der Wirksamkeit und letztlich nach dem Return on Investment gestellt, besonders bei einer Maßnahme, die sehr viele indirekte Kosten in Form von Zeit von Mentoren erzeugt. Ziele der Evaluation können nach Phillips und Phillips (2016) sein:

- Legitimation des Programms, besonders finanziell, gegenüber Key-Stakeholdern
- Lernfunktion: welche Veränderungen das Programm verbessern würden
- Erkenntnisfunktion: inwieweit das Programm seine gesteckten Ziele erreicht, den Bedürfnissen der Teilnehmer entspricht und mit welchem Aufwand.

Zur Legitimation des Mentoring-Programms gibt es, besonders bei externen Anbietern, Gegenüberstellungen von Kosten für Mentoring zu Rekrutierungskosten. Die Logik dahinter ist, dass Mentoring die Bindung von Mitarbeiterinnen und Mitarbeitern stärkt und durch eine geringere Fluktuation und höhere Retention (siehe Kap. 2) weniger Einstellungen notwendig macht. Der Charme dieser Darstellungen besteht darin, dass gerade Rekrutierungskosten als Sachkosten gut erfasst und zu solchen Vergleichen genutzt werden können. Sie greifen jedoch zu kurz, da andere Effekte von Mentoring möglicherweise noch „wertvoller" für ein Unternehmen sind wie die Lernende Organisation, psychosoziale Entwicklung von Mentees, höhere Identifikation mit dem Unternehmen und besonders die Stärkung der Talent Pipeline. Der Gewinn für ein Unternehmen aus diesen Effekten ist jedoch schwerer monetär zu beziffern als die Sachkosten der Rekrutierung.

Deswegen liegt der Fokus der Evaluation darauf, inwieweit das Programm seine definierten Ziele erreicht hat. Habe ich meine Talent Pipeline gestärkt? Sind die Teilnehmerinnen und Teilnehmer des Programms motiviert, weiterführend Aufgaben zu übernehmen? Fühlen sie sich durch das Mentoring stärker an das Unternehmen gebunden? Bekomme ich mehr Bewerbungen, weil ich Mentoring anbiete?

Als Datenquellen bieten sich sowohl quantitative als auch qualitative Daten an, die sowohl auf organisatorischer als auch auf individueller Ebene erhoben werden können (vgl. Abb. 4.7). Dabei sind die quantitativen Daten wie zum Beispiel die Menge der teilnehmenden Mentees scheinbar einfacher zu erheben, aber qualitative Daten wie stärkere Identifikation mit dem Unternehmen können durch Bildung von Kategorien nach den Regeln der qualitativen Inhaltsanalyse auch gut quantifiziert werden. In welcher Form gemessen wird, hängt von den festgelegten Kriterien und der Unternehmenskultur ab. So bieten sich bei qualitativen Daten eher Fokusgruppen oder halbstrukturierte Interviews an, bei quantitativen

Evaluationskategorien	
individuell	organisatorisch
objektiv	subjektiv
quantitativ	qualitativ
kurzfristig	langfristig
Reaktion	Wirkung

Abb. 4.7 Evaluationskriterien. (Quelle: eigene Darstellung nach Allen et al. 2009; Kirkpatrick 1999; Philips und Philips 2016)

Daten eher Fragebögen, solange es keine „Fragebogen-Müdigkeit“ durch zu viele Umfragen in der Organisation gibt. Auch ist beim Programmdesign festzulegen, wann gemessen wird. Traditionell wird natürlich am Ende des Programmes gemessen und ein erstes Monitoring zur Prozesstreue nach dem Matching durchgeführt. Weitere Messungen – falls notwendig – sollten von der Länge des Programms und der Art der zu erhebenden Daten abhängig gemacht werden, damit das Mentoring-Programm zwar gut evaluiert werden kann, aber der Spaß an dem Programm nicht durch zu viele Befragungen verdorben wird.

Weiter ist bei der Evaluation zu unterscheiden zwischen kurzfristigen Effekten (z. B. Zufriedenheit mit dem Programm) und langfristigen (z. B. Beförderung von Mentees). Diese Unterscheidung zwischen kurzfristig und langfristig resultiert auch schon in einer weiteren Herausforderung der Evaluation, nämlich der Wirkungsevaluation, die erst über einen längeren Zeitraum zum Tragen kommt.

Deswegen ist es sinnvoll, sich bei der Evaluation an dem Vier-Ebenen-Modell von Kirkpatrick (vgl. Abb. 4.8) zu orientieren.

Das Vier-Ebenen-Modell trägt auch dazu bei, z. B. zwischen dem subjektiv empfundenen Mehrwert (z. B. erhöhte Arbeitszufriedenheit) des Mentoring-Programms und dem objektiv messbaren Mehrwert (z. B. mehr Frauen in Führungspositionen oder Kandidaten für Management-Positionen) zu unterscheiden. Gerade im Talent Management mit dem Ziel einer starken Talent Pipeline ist es

1. **Reaktion der Teilnehmer auf Maßnahme**
   Subjektive Bewertungen, Einstellungen und Gefühle zum Training.

   Sind die Teilnehmer mit dem Mentoringtreffen, Training oder Gesamtprogramm zufrieden?

2. **Lernen und Wissenszuwachs**
   Aufnahme, Verarbeitung und Bewältigung der Lerninhalte.

   Haben die Teilnehmer das vermittelte Wissen erworben? Zeigen sie Verhalten im Sinne der Lernziele?

3. **Transfererfolg durch verändertes Verhalten**
   Umsetzung des Gelernten im Arbeitskontext; insbesondere Leistung oder Einstellung.

   Zeigen die Teilnehmer am Arbeitsplatz Verhaltensänderungen im Sinne der Lernziele?

4. **Objektive Resultate und Wirkungskennzahlen**
   Organisationale Ziele: Quantität und Qualität von Leistung, Beförderungen, Leistungsbeurteilungen.

   Profitiert die Organisation von dem Training? Kosten-Nutzen Analyse.

Abb. 4.8 4-Ebenen-Modell Evaluation. (Quelle: eigene Darstellung nach Kirkpatrick 1999)

wichtig, diese Daten zu erheben. Im Folgenden werden die vier Ebenen der Evaluation näher beschrieben.

Die **erste Ebene** von Kirkpatrick ist für Mentoring nicht schwer zu messen. Die *Reaktion* der Mentorinnen, Mentoren und Mentees, kann gleich nach dem Durchlauf der ersten Kohorte ermittelt werden, sowohl quantitativ als auch qualitativ. Wie viele Personen haben teilgenommen? Wie zufrieden waren sie mit dem Mentoring? Wie viele Mentorinnen und Mentoren melden sich freiwillig für den nächsten Durchlauf? Die **zweite Ebene,** der *Lern- und Wissenszuwachs,* kann schwieriger ermittelt werden, da es bei Mentoring meist keine konkreten Lern- oder Wissensvorgaben gibt, sondern nur Erwartungen an die psychosoziale Entwicklung, die auch von den individuellen Wünschen und Bedürfnissen mitbestimmt werden. Hier kann als Informationsquelle primär die Selbsteinschätzung der Mentees herangezogen werden. Haben sie ihre Kompetenzen erweitert? Oder neue Verhaltensweisen erlernt? Vielleicht neue Ansichten oder Erkenntnisse dazugewonnen? Die **dritte Ebene** bezieht sich darauf, ob die erworbenen Fertigkeiten, Verhaltensweisen, Wissen oder Einsichten auch in konkreten Situationen gezeigt werden. Treten Mentees gegenüber Vorgesetzten, Kolleginnen und Kollegen oder Kunden anders auf? Verfügen sie über ein erweitertes Verhaltensrepertoire oder zeigen sie neue Fertigkeiten? Beurteilen sie Dinge anders? Diese Messung kann z. B. durch ein 360-Grad-Feedback für Mentees erfolgen. Dadurch bekommen sie Feedback, ob die Veränderungen im Verhalten von anderen wahrgenommen werden. Die **vierte Ebene** besteht in dem Einfluss des Programms auf Unternehmensergebnisse. Dies ist etwas schwieriger, da sich die Frage nach der direkten Zurechenbarkeit stellt. So kann zwar die Karriereentwicklung der Mentees gemessen werden, die Stärke der Talent Pipeline, die Retention Rate, um nur wenige Beispiele zu nennen. Als Konsequenz wäre auch eine Verbesserung der Performance der Firma zu erwarten durch die bessere Qualifizierung von Nachwuchskräften durch Mentoring. Fraglich hierbei ist jedoch, ob komplexe Effekte wie ein höherer Unternehmenserfolg singulär und zu 100 % einer einzelnen Intervention, in diesem Fall dem Mentoring, zuzuordnen sind. Dazu gibt es zu viele nicht kontrollierbare Variablen. Unbestritten ist jedoch, dass sich die Investition in Mitarbeiter und die Entwicklung von zukünftigen Führungskräften unternehmerisch lohnen (vgl. BCG 2012).

Um das Programm nicht mit organisatorischen Erwartungen zu überfrachten, sei aus der unternehmerischen Praxis dazu geraten, Evaluationskriterien heranzuziehen, die eindeutig mit den Zielen des Programmes verbunden sind, wie z. B. die Stärkung der Talent Pipeline durch Erhöhung der Anzahl von Kandidatinnen und Kandidaten für eine bestimmte Position. Ebenso sollten Kriterien herangezogen werden, bei denen die Wirkzusammenhänge klar definiert sind. Dies wird

ROI (Return on Investment)

$$\text{ROI (\%)} = \frac{\text{Programmnutzen} - \text{Programmkosten}}{\text{Programmkosten}} \times 100$$

Monetäre Nutzenanalyse

Abschätzung des monetären Nutzens einer Maßnahme. Dabei werden zahlreiche Daten wie die Effektstärke des Programms, die Kosten, die Anzahl der Teilnehmer und die Dauer der Trainingswirkung berücksichtigt.

Abb. 4.9 Kosten-Nutzen-Analyse. (Quelle: eigene Darstellung nach Philips und Philips 2016)

bei Evaluationen mit jeder Ebene des Kirkpatrick-Modells komplexer, ist aber mit gründlicher Analyse zu leisten und sollte auf jeden Fall erfolgen, damit eine Organisation nicht auf Level 1, der Reaktion auf das Programm, stecken bleibt. Dieser als subjektiv empfundene Mehrwert von Mentoring in Form von Arbeitszufriedenheit ist nicht zu unterschätzen. Aber die objektiven und organisatorisch relevanten Auswirkungen wie eine starke Talent Pipeline sind der beste Grund zur Legitimation der Investition (vgl. Abb. 4.9).

5 Zielgruppenspezifisches Mentoring für die Generation Y

> Durch ein fundiertes Verständnis der Wünsche, Bedürfnisse und Werte der Generation Y kann Mentoring bestmöglich die Ziele des Talent Management erreichen.

Im Folgenden wird auf die Besonderheiten von Mentoring für diejenige Zielgruppe eingegangen, die sich aktuell auf der Suche nach dem „employer of choice“ befindet und Mentoring für Unternehmen zum Pluspunkt im Wettstreit um die besten Talente macht: die sogenannte Generation Y. Die Ausrichtung auf diese Gruppe erlaubt es, die Kriterien für geeignete Mentorinnen und Mentoren spezifischer zu bestimmen. Sind interne Mentoren am besten geeignet, um Generation Y in ihrem Lernprozess zu unterstützen? Oder könnten externe Mentoren durch ihre Erfahrungen wichtige Impulse geben? Sind sehr erfahrene Mentorinnen und Mentoren am besten geeignet? Oder sollten Mentees ein Tandem mit Mitarbeitern bilden, die ihnen hinsichtlich Alter und Lebensstil näherstehen und sich dadurch besser in sie hineinversetzen können? So kann auch der Qualifizierungsprozess Mentorinnen und Mentoren gezielter auf ihre Rolle vorbereiten, wenn Wünsche, Bedürfnisse, Werte und Ziele der Mentees vergleichbar und bekannt sind. Das erforderliche beraterische Know-how, Einfühlungsvermögen und kommunikative Kompetenzen können in Workshops oder begleitenden Feedbackgesprächen gezielter trainiert werden, wenn sich Mentoring auf diese klar umrissene Zielgruppe ausrichtet.

U. Rademacher und U. Weber, *Mentoring im Talent Management*,
DOI 10.1007/978-3-658-16584-0_5

5.1 Hallo Generation Y!

▶ Unter Generation Y wird die Gruppe der zwischen 1980 und 2000 geborenen Personen verstanden. Sie werden auch als „Millennials" bezeichnet und sind die erste Generation, die von Anfang an in einer digitalisierten Welt aufwächst („Digital Natives").

Die Abgrenzung dieser Generation ist weder eindeutig noch unumstritten. In diesem Buch wird sie pragmatisch als die Gruppe der zwischen 1980 und 2000 geborenen Personen verstanden, deren Sozialisation, Werte und berufliche Ziele und Wünsche sich bedeutsam von denen anderer Kohorten unterscheiden (Holste 2012). Insbesondere die Unterschiede zu der „Nachkriegsgeneration" der Geburtsjahrgänge 1946 bis 1964, den sogenannten „Baby Boomern", zu denen ihre Vorgesetzten und Mentorinnen und Mentoren häufig zählen, bilden potenzielle Spannungsquellen im Mentoring-Prozess.

Von zunehmender Bedeutung sind demografisch bedingte Veränderungen der Wünsche und Erwartungen von Nachwuchskräften hinsichtlich der Unternehmenskultur, Mission und der Unternehmenswerte, Karrieremöglichkeiten, aber auch der Möglichkeit, Privatleben und berufliche Entwicklung miteinander vereinen zu können. So untersuchte Holste (2012) in einer empirischen Studie, welche Eigenschaften Arbeitgeber für die Generation Y attraktiv machen und welche charakteristischen Unterschiede sich dabei zur Baby-Boomer-Generation abzeichnen. Die Studie berücksichtigte ein breites Spektrum von Dimensionen: von der Motivationsstruktur über Faktoren wie Arbeitsplatzsicherheit, Gehalt, Standort, Karrieremöglichkeiten und Zukunftsfähigkeit bis hin zur Möglichkeit, sich in dem Unternehmen persönlich zu entfalten und Berufs- und Privatleben miteinander zu vereinen. Der Vergleich der Generationen zeigt, dass Nachwuchskräfte der Generation Y sich von der „Baby-Boomer-Generation" in einigen Aspekten bedeutsam unterscheiden.

Unterschiede von Nachwuchskräften der Generation Y und der Baby-Boomer-Generation

- **Offenheit für Neues** ist bei der Generation Y stärker ausgeprägt. Junge Talente dieser Generation achten mehr darauf, im Rahmen ihrer Arbeitstätigkeit neue und innovative Technologie einsetzen zu können, und schätzen neuartige Herausforderungen, die Relevanz für aktuelle fachliche und gesellschaftliche Entwicklungen besitzen.

- **Vielversprechende Karriereoptionen** spielen für die Generation Y eine zentrale Rolle, während die Baby-Boomer-Generation mehr Wert auf Arbeitsplatzsicherheit und die Zukunftsfähigkeit des Unternehmens legt. Allerdings bedeutet „Karriere" dabei für die Generation Y auch etwas anderes als regelmäßige Beförderungen und einen schnellen Aufstieg in die Führungsetage, denn die fachliche und persönliche Weiterentwicklung darf für sie auf ihrem beruflichen Weg nicht auf der Strecke bleiben.
- **Selbstverwirklichung** im Sinne der „Ausgestaltung und Entfaltung im Hier und Jetzt" (Holste 2012, S. 47) erwarten junge Talente von ihrem Arbeitgeber weniger stark als die Mitarbeiter der Baby-Boomer-Generation. Jedoch erwarten sie von ihrem Arbeitgeber, ihr fachliches und persönliches Potenzial entfalten zu können und durch ihre beruflichen Tätigkeiten aktiv die Zukunft mitzugestalten. Die Generation Y will ihre Talente auch in die internationale Arbeitswelt einbringen, hat sie durch private Reisen, Praktika und Auslandssemester häufig schon inspirierende Erfahrungen im Ausland sammeln können.
- **Vereinbarkeit von Berufs- und Privatleben** ist jüngeren Nachwuchskräften besonders wichtig, während bei anderen Generationen der Umgang mit Menschen im Rahmen ihrer Berufstätigkeit stärker im Fokus steht. Bedürfnisse nach flexiblen Arbeitszeiten und -orten sowie die Herausforderung, berufliche Ambitionen, Freizeit, Freunde und Familie unter einen Hut zu bringen, können entsprechend bedeutsame Themen auch im Mentoring werden.

Die Interessen und Wünsche der Generation Y werden häufig als spannungsreich und in sich widersprüchlich erlebt, gerade wenn es um die berufliche Entwicklung geht (vgl. Parment 2013; Weber 2013). Einerseits wollen Millennials möglichst früh Verantwortung für das eigene Handeln erhalten und abwechslungsreiche und herausfordernde Aufgaben ausführen. Andererseits zeichnen sie sich durch ein starkes Bedürfnis nach Feedback und „Absegnung" ihrer Beiträge aus. Erfahrenere Mitarbeiterinnen und Mitarbeiter könnten dies als Unsicherheit interpretieren, die sie ihrem Selbstverständnis nach nur schwer mit dem selbstbewussten Einfordern anspruchsvoller Tätigkeiten der Generation Y vereinen können. Zudem legt die Generation Y besonderen Wert auf Autonomie bei der Gestaltung der Arbeitsinhalte und -zeit und auch auf flexible Benefits innerhalb einer attraktiven Gesamtvergütung (CIPD und Penna 2008; Kienbaum 2009;

DGFP 2011; ILM 2013; TowersWatson 2014). Im Mentoring können Strategien für den individuellen Umgang mit diesem Spannungsfeld gemeinsam entwickelt werden.

Der persönliche Austausch mit erfahrenen Mentorinnen und Mentoren kann hier wichtige Weichen richtig stellen, zumal es für Unternehmen, besonders traditionelle, schwierig geworden ist, sich auf die nächste Generation junger Talente einzustellen (Rennhak und Nufer 2010). Dies ist durch die zunehmende Verknappung gut qualifizierter Mitarbeiterinnen und Mitarbeiter brisant, da es kaum Unternehmen gibt, die aktuell noch nicht vom Fachkräftemangel betroffen sind. Auch wenn das Eintrittsalter in den sogenannten Ruhestand erhöht wird, wird sich der Kampf um die jungen Talente der geburtenschwachen Jahrgänge weiter verstärken.

Aktuelle Studien belegen, dass es innerhalb der Generation Y gravierende Unterschiede gibt, was für Unternehmen sowohl die Positionierung als attraktiver Arbeitgeber im Employer Branding als auch das Talent Management erschwert. Um eine Orientierung im Dschungel unterschiedlicher und zum Teil widersprüchlicher Eigenschaften der Generation Y geben zu können, entwickelte das Kienbaum-Institut eine **Typologie** der Absolventengeneration 2015. Bei der Analyse der Befragung von 601 befragten Hochschulabsolvierenden zeichneten sich vier unterschiedliche Typen innerhalb der Generation Y ab, die sich hinsichtlich ihrer Werte, Einstellungen, Motivation und Erwartungen an ihren zukünftigen Arbeitgeber bedeutsam voneinander unterscheiden (vgl. Abb. 5.1).

Abb. 5.1 Typologie heutiger Absolventinnen und Absolventen (nach Kienbaum@ISM 2015). (Quelle: eigene Darstellung)

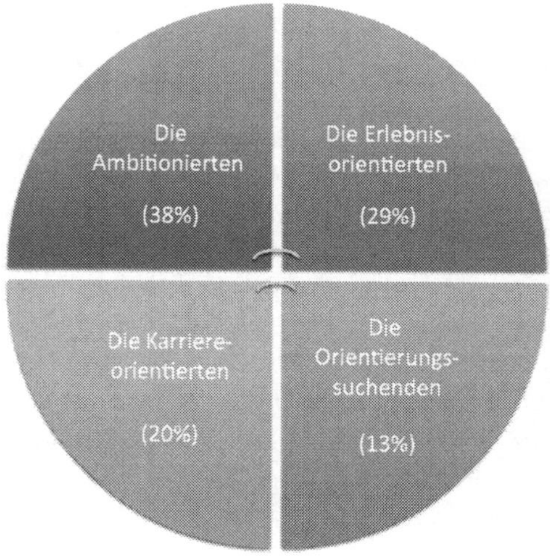

Unterschiedliche Typen innerhalb der Generation Y

- Die **Ambitionierten** streben nach dem (bisher) Unmöglichen: Sie wollen erfolgreich sein und Karriere machen, ohne dass soziale Beziehungen darunter leiden müssen. Um berufliche Karriere sowie Freundschaften und Familie gleichermaßen zu pflegen, sind sie bereit, hart zu arbeiten. Von ihrem zukünftigen Arbeitgeber erwarten sie die Aussicht auf gute Karrierechancen und vielfältige Aufgabenanforderungen ebenso wie eine kollegiale Atmosphäre im Unternehmen und eine gute Work-Life-Balance. Regelmäßiges Feedback erwarten sie, um ihre Leistungen besser einschätzen zu können und dazuzulernen. Diese Gruppe macht mit 38 % bei den Studienergebnissen die zahlenmäßig stärkste Gruppe innerhalb der Generation Y aus.
- Die **Erlebnisorientierten** suchen nach Vielfalt und Abwechslung, sowohl im beruflichen als auch im privaten Umfeld. Von ihrem zukünftigen Arbeitgeber erwarten sie gute Weiterbildungsmöglichkeiten und eine abwechslungsreiche Tätigkeit. Aufgrund ihres starken Harmoniebedürfnisses sind ihnen ein kollegiales Arbeitsklima und flache Hierarchien besonders wichtig. Erfolg bedeutet für sie vor allem, die Anforderungen des Berufs- und Privatlebens gelungen miteinander vereinen und beides zu einem spannungsarmen Lebensstil integrieren zu können. Mit 29 % stellen sie die zweitstärkste Gruppe dar.
- Die **Karriereorientierten** entsprechen in starkem Maße dem klassischen Bild des hochmotivierten und leistungsorientierten Berufseinsteigers. Beruflicher Erfolg und Karriere sind ihr wichtigstes Ziel. Zwar sind soziale Beziehungen und Gesundheit nicht unwichtig, dennoch besitzt die professionelle Weiterentwicklung aktuell die höchste Priorität. Die Übernahme von verantwortungsvollen Aufgaben und Positionen ist das Ziel dieser Gruppe. Regelmäßiges positives Feedback und die Wertschätzung durch Vorgesetzte sind die wichtigsten Motivatoren.
- Die **Orientierungssuchenden** stellen Unternehmen und Institutionen vor eine Herausforderung: Die Gesundheit sowie Freunde und Familie besitzen für diese Gruppe den höchsten Stellenwert. Hinsichtlich ihrer Werte und beruflichen Ziele sind die Orientierungssuchenden aktuell unklar, denn ihnen sind viele Dinge gleichzeitig wichtig, die sich nicht immer unter einen Hut bringen lassen. Eigenständig gelingt es ihnen nur mit Mühe, klare Prioritäten zu bilden und nachhaltig ein

Ziel zu fokussieren. Deswegen wünschen sie sich von ihrem zukünftigen Wunscharbeitgeber, durch klare Zielvorgaben und entsprechende Entwicklungsmöglichkeiten, Orientierung für die eigene Werthaltung und konkrete Ziele zu gewinnen. Denn diese Gruppe motiviert, sich mit ihrer Arbeit identifizieren zu können, wobei sie verantwortungsvolle Aufgaben und Rollen lieber anderen überlässt. Zu dem Typ der Orientierungssuchenden zählen in der Studie 13 % der Teilnehmenden.

Dieses Psychogramm der in den Arbeitsmarkt strebenden jungen Talente sollte bei der Konzeption des Mentoring-Programms, bei der Qualifizierung interessierter Mentorinnen und Mentoren und bei der Vor- und Nachbereitung einzelner Mentoring-Treffen genutzt werden, um einen gelungenen Lernprozess anzustoßen. Obwohl es kein „Patentrezept" für ein gelungenes Mentoring für die Generation Y gibt, sollen im Folgenden einige Anregungen und Denkanstöße gegeben werden, wie Mentoring für diese besondere Zielgruppe ausgestaltet werden kann.

5.2 Anpassung des Mentoring an die Generation Y

Mentoring ist für die Generation Y das richtige Tool für die berufliche und persönliche Weiterentwicklung, weil die jungen Talente stark lernorientiert und stark motiviert sind, ihre Unsicherheit zu reduzieren und Fehler zu vermeiden. Ihre Erwartungen an die Inhalte, aber auch an den persönlichen Umgang und die Unterstützung im Unternehmen unterscheiden sich von den Erwartungen, welche die Generation ihrer Kollegen und Vorgesetzten hat. Dies wirkt sich auch auf die Akzeptanz von Mentoring-Programmen aus. Eine empirische Untersuchung erforschte, welche Wirkung Talent Mentoring auf die wahrgenommene Attraktivität als Arbeitgeber ausüben kann (Weber und Rademacher 2016). Den Studienteilnehmenden wurden in einer Online-Umfrage zwei alternative Stellenanzeigen präsentiert, auf welche sie im Rahmen ihrer Stellensuche auf einer Internetplattform gestoßen seien. Beide Unternehmen sollten in dem Szenario in einer Branche tätig sein, die für die Teilnehmenden interessant ist, und ein attraktives Gehalt anbieten. Die Anzeigen unterschieden sich lediglich in einem Aspekt: In einem Unternehmen stand den jungen Talenten eine Führungskraft aus dem oberen Management als Mentorin oder Mentor zur Verfügung, in dem anderen Unternehmen erhielten die Berufseinsteiger quartalsweise leistungsabhängige Bonuszahlungen.

Die Ergebnisse zeigen, dass das Angebot der Teilnahme an einem Mentoring-Programm das Unternehmen zu einem attraktiveren Arbeitgeber werden ließ als das Angebot leistungsabhängiger Bonuszahlungen. Die befragten Repräsentantinnen und Repräsentanten der Generation Y gingen davon aus, dass sich die Mitarbeiter im Unternehmen stärker gegenseitig unterstützen und auch ein besseres Verhältnis zu ihren Vorgesetzten hätten. Sie waren stärker motiviert, sich bei dem Unternehmen mit dem Mentoring-Programm zu bewerben und gaben an, diesem Arbeitgeber bei konkurrierenden Jobangeboten den Vorzug zu geben.

Die Analysen zeigten weiterhin, dass die Bewerberinnen und Bewerber auch positivere Erwartungen hinsichtlich ihres zukünftigen Jobs haben, wenn dieser von einem Unternehmen angeboten wird, das zu ihrer Förderung ein Mentoring-Programm anbietet. Dieser positive Effekt trat unabhängig davon auf, ob die Jobsuchenden sich letztlich für das Unternehmen mit dem Mentoring-Programm oder für das Unternehmen mit den Bonuszahlungen entschieden. Die Tätigkeit wurde mit abwechslungsreicheren und vielfältigeren Aufgaben verbunden, in welche die Berufseinsteiger ihre Kompetenzen einbringen können. Die auszuübende Tätigkeit wurde als bedeutsamer für das Erreichen der Gesamtziele des Unternehmens erachtet. Zudem erwarteten die jungen Talente, in stärkerem Maße selbst entscheiden zu können, wie sie bei der Umsetzung ihrer Aufgaben vorgehen möchten, und gingen von einer stärkeren Transparenz ihrer Leistung durch eine bessere Feedbackkultur aus.

Die Einschätzung dieser Jobeigenschaften gemäß dem anerkannten „Job Characteristics Model“ von Hackman und Oldham (1975) fiel bedeutsam positiver für das Unternehmen aus, das in seiner Stellenanzeige auf den zusätzlichen Benefit des Mentoring hinwies, im Vergleich zu dem Unternehmen, das mithilfe leistungsabhängiger Bonuszahlungen um die Generation Y warb. Anforderungsvielfalt, Wichtigkeit der Aufgaben und Feedback führen bei Mitarbeitern, die solche Tätigkeiten ausüben, zu einer höheren Arbeitsmotivation, Zufriedenheit mit den Entfaltungsmöglichkeiten, genereller Arbeitszufriedenheit sowie Arbeitseffektivität. Es zeigt sich also, dass diese Job-Charakteristika eine Win-win-Situation für die Generation Y und die nach Nachwuchskräften suchenden Arbeitgeber darstellen. Insbesondere die positive Auswirkung darauf, wie zufrieden Young Potentials mit der Möglichkeit sind, durch individuelle Rückmeldungen und motivierende Rahmenbedingungen gute Chancen darauf zu haben, sich in ihrem Job gut entfalten zu können, stellt einen bedeutsamen Vorteil im „War for Talent“ dar.

Gleichwohl wiesen die Reaktionen auf die Stellenanzeige erstmalig darauf hin, dass junge Nachwuchskräfte Mentoring gegenüber auch Bedenken und Zweifel hegen. Sie befürchten, den Erwartungen ihres Mentors oder ihrer Mentorin nicht Genüge leisten zu können oder durch sie überfordert zu werden. Zudem vermuteten die potenziellen Mentees der Generation Y, dass ihre Mentorinnen und Mentoren sie in ihrer Entscheidungsfreiheit einschränken könnten und dass sie weniger autonom die Umsetzung ihrer Aufgaben ausgestalten können (Weber und Rademacher 2016). Für die Generation Y stellen Mentoring-Programme also ein zweischneidiges Schwert dar, bei dem sie ihre individuelle Förderung und Entwicklung durch eingeschränkte Selbstbestimmung bezahlen müssen.

Dieser spannungsreichen Einstellung zu Mentoring in der Generation Y können Unternehmen durch eine zielgruppengerechte Konzeption des Mentoring sowie eine adäquate Ansprache der jungen Talente entgegenwirken. Nur wenn Mentoring-Programme an die Bedürfnisse der jungen Talente angepasst werden, kann ihr Potenzial für das Talent Management und auch für die Stärkung der Attraktivität als Arbeitgeber voll ausgeschöpft werden. So sollten die Ziele und Aufgabenstellungen auf die Generation Y abgestimmt werden: Sollen in erster Linie aussichtsreiche Nachwuchskräfte gewonnen werden? Werden die Talente der Generation Y im Mentoring darin unterstützt, sich über ihre Karrieremotivation klarer zu werden und zu entdecken, wie sie ihre Ziele gut mit den Unternehmenszielen in Einklang bringen können? Dient das Mentoring dazu, individuelle oder organisational geteilte Lösungen für die vielfach geforderte Work-Life-Balance zu entwickeln (vgl. Thiele 2009)? Oder geht es im Mentoring-Programm vor allem darum, konstruktive Begegnungen zwischen Mitarbeiterinnen und Mitarbeitern unterschiedlicher Generationen zu ermöglichen? Mentoring kann nicht alle diese Aufgaben gleichzeitig bedienen. Nur wenn konkrete Antworten auf diese und ähnliche Fragen in der Konzeption des Mentoring-Programms gefunden und vom Programm-Manager entsprechend kommuniziert wurden, kann die Umsetzung für die Generation Y gelingen.

Zudem sollten potenzielle Mentees frühzeitig über den Ablauf und mögliche Inhalte ihrer Mentoring-Treffen aufgeklärt werden und Klarheit über Rollen von Mentorinnen, Mentoren und Mentees erhalten. Auf diese Weise kann Bedenken, dass Mentorinnen und Mentoren eine Art „verdeckten" Vorgesetzen darstellen und spezifische Leistungserwartungen hegen, entgegengewirkt werden. Diese Aspekte müssen bei der Implementierung des Mentoring (siehe Kap. 4) und beim Management des Mentoring (siehe Abschn. 4.5) besondere Beachtung erfahren, insbesondere dann, wenn die Mentorinnen und Mentoren noch wenig Erfahrung mit der Generation Y gemacht haben.

In der ersten Phase der eigentlichen Mentoring-Treffen gilt es ein sorgfältiges Erwartungsmanagement zu betreiben (siehe Abschn. 6.1), um den Grundstein für eine Begegnung auf Augenhöhe und Freiraum für selbstbestimmte Entscheidungen der Mentees zu legen. Für junge Talente kann es unter Umständen auch gewinnbringender sein, wenn sie mit jüngeren Mentorinnen und Mentoren im

Tandem zusammenarbeiten, die zwar einen Vorsprung hinsichtlich ihrer Erfahrung im Unternehmen und in der Branche bieten, ihnen aber hinsichtlich Sozialisation, Werten und Lebensstil näherstehen als erfahrene Senior Experts (vgl. Molinsky 2015). Mentoren und Mentorinnen, die sich hinsichtlich ihres Lebensalters und ihrer Karrierestufen nur wenig von den Mentees unterscheiden, können eher als positives Rollenmodell fungieren und somit der psychosozialen Entwicklung dienen (Kram 1985; Allen et al. 2009). Dadurch kann auch das Risiko, dass Mentoren unabsichtlich in eine elterliche Rolle fallen und von Mentees erwarten, „in ihre Fußstapfen zu treten", minimiert werden (vgl. Schmid und Haasen 2011). Jedoch ist fraglich, inwieweit die karrierefördernden Aspekte von Mentoring (siehe Abschn. 2.4) durch gleichaltrige Mentees erreicht werden kann. Auch der Einsatz von externen Mentorinnen und Mentoren, welche beruflich in einem anderen Unternehmen tätig sind, kann es jungen Talenten erleichtern, Vertrauen zu entwickeln und sich im Reflexionsprozess zu öffnen, da in dieser Konstellation weniger Ängste bezüglich der Frage entstehen können, inwieweit sich die Inhalte des Mentoring förderlich oder hinderlich auf ihre berufliche Entwicklung im Unternehmen auswirken (vgl. Weber und Rademacher 2016). Externe Mentoren bieten möglicherweise ein höheres Maß an Selbstbestimmung bei der Ausgestaltung der eigenen beruflichen Rolle. Zudem kann die Außenperspektive des externen Mentors wertvolle Impulse für den Mentoring-Prozess bewirken, wenn beispielsweise ein junger Brand Manager sich regelmäßig zum Mentoring mit einer externen Vertriebsexpertin trifft, die über vielfältige Erfahrungen verfügt, wie sich seine Marketingentscheidungen „an der Front" im Kundenkontakt auswirken können.

Dem selbstverständlichen Umgang mit den „neuen Medien" sollte beim Mentoring im Talent Management der „Digital Natives" so gut es geht Rechnung getragen werden. Die medialen Möglichkeiten innerhalb des Unternehmens sollten ausgeschöpft werden, sei es in Form eines Corporate Wiki als Mittel zum internen Wissensmanagement, des Einstellens der Mentoring-Termine in einen digitalen Kalender oder des Einrichtens eines Blogs, damit sich Mentees auch untereinander austauschen und gegenseitig motivieren können (Thimm 2005; Thimm und Wehmaier 2007). Die Mediennutzung sollte eine gute Balance zwischen der Sicherheit firmenrelevanter Daten und vertraulicher Inhalte einerseits und dem selbstverständlichen Umgang mit Medien wie Facebook, Twitter, Instagram und WhatsApp andererseits gewährleisten. Mentorinnen und Mentoren sollten sich darauf einstellen, dass die Generation Y andere Kommunikationsgewohnheiten hat als sie selbst. Ein im Blog gepostetes Foto von einem übervollen Schreibtisch einer Mentee kann für sie ebenso aussagekräftig zur Geltung bringen, wie es mit ihrem Zeitmanagement und der aktuellen Belastung aussieht, wie eine verbale Beschreibung beim Treffen mit dem Mentor. Entsprechend ist bei der Selektion und Qualifikation geeigneter Mentorinnen und Mentoren auch der Aspekt der Medienkompetenz zu berücksichtigen (vgl. Anastasiadis und Thimm 2011). Im Prozess der Rollenklärung von Mentor und Mentee sollten beide miteinander verabreden, mittels welcher Medien sie sich miteinander austauschen wollen und auf welchen Erwartungshorizont hinsichtlich der Responsivität sie sich einigen können (siehe Checkliste in Kap. 7). Sonst laufen sie Gefahr, dass eingehende Nachrichten Handlungsdruck erzeugen oder sich Mentees von ihren Mentoren vernachlässigt fühlen, wenn diese später auf die Kontaktaufnahme reagieren, als sie es in ihrem Umfeld gewohnt sind.

Die Vereinbarkeit von Berufs- und Privatleben ist ein wichtiges Ziel für die Generation Y. Kein Typus in der Absolvententypologie des Kienbaum-Instituts misst diesem Ziel eine geringe Bedeutung zu. Viele Studien belegen, dass die Vereinbarkeit von Beruf und Privatleben in dieser Generation einen hohen Stellenwert besitzt. Dies äußert sich konkret in der Erwartung, Arbeitszeiten und -orte flexibel zu gestalten und berufliches Engagement mit privaten Interessen und Werten vereinen zu können, zeitlich und inhaltlich. Dieses Bedürfnis sollten Mentoring-Programme im Talent Management aufgreifen. Sonst verliert das Unternehmen seine Glaubwürdigkeit, Flexibilität und angenehme Arbeitsatmosphäre zu bieten, welche in der Mehrheit der Stellenausschreibungen als Employer Value in der Rubrik „Wir bieten …“ ausgelobt werden. So sollte in dem konstituierenden Treffen des ersten Mentoring-Gesprächs (siehe Mentoring-Vertrag in Kap. 7) bestimmt werden, in welchen zeitlichen Abständen die regelmäßigen Treffen erfolgen. Gleichwohl sollten Mentorinnen und Mentoren im Rahmen ihrer Möglichkeiten Verständnis dafür aufbringen, wenn Mentees um die Verschiebung eines Termins bitten oder sich kurzfristiger als gewohnt verabreden möchten. Auch hinsichtlich der räumlichen Durchführung des Tandems kann gemeinsam über flexible Lösungen nachgedacht werden. Nicht immer muss das Zwiegespräch am Tisch der „Besprechungsinsel“ im Büro des Mentors oder der Mentorin das beste Umfeld sein. Je nach Thema und Mentee kann es durchaus förderlich sein, den Austausch in der betriebseigenen Cafeteria, in einem Meeting-Raum, welcher dem Mentee bislang unbekannt ist, oder auch in einem Raum außerhalb des Unternehmens stattfinden zu lassen, sofern er ausreichend Ruhe und Vertraulichkeit bietet. Die gemeinsame Reflexion von Mentor und Mentee kann aber auch in Form des „Walk and Talk“ durch einen gemeinsamen Spaziergang des Tandems erfolgen, wenn beide Beteiligte sich mit dieser Form der Interaktion wohlfühlen (vgl. McKinney 2011).

6 Mentoring in Gesprächen gelungen gestalten

> Weil Mentoring sehr individuelle Themen umfassen kann, sollten die Gespräche gut vorbereitet und strukturiert verlaufen, um die Ziele nicht aus den Augen zu verlieren.

6.1 Das Mentoring vorbereiten

Auch oder vielleicht gerade weil die Inhalte, die Mentee und Mentor in ihren Gesprächen thematisieren, sich sehr individuell an der Situation, Persönlichkeit und Fragen der Mentees orientieren, ist es wichtig, bei der Vorbereitung und Durchführung der Gespräche gewissen Strukturen zu folgen. Ansonsten laufen insbesondere weniger erfahrene Mentoren Gefahr, sich zu verzetteln, in Small Talk zu enden oder auf andere Weise die Ziele des Mentoring aus den Augen zu verlieren. Grundsätzlich sollten alle Mentoring-Gespräche, die regelmäßig in einem Vier- bis Sechs-Wochen-Rhythmus durchgeführt werden sollten, vorbereitet werden, damit sich ein roter Faden im Mentoring-Prozess entwickeln kann und Mentee und Mentor oder Mentorin die gemeinsame Zeit optimal nutzen können. Grundsätzlich sollten sich Mentees vor jedem Treffen fragen, welche konkrete Fragestellung im Mentoring behandelt werden soll und wie der Mentor oder die Mentorin die gemeinsame Reflexion bereichern kann. Für Mentees ist es hilfreich, sich vor dem Gespräch bereits Gedanken darüber zu machen, was er oder sie bislang in konkreten Situationen erlebt und ausprobiert hat, was die Konsequenzen der eigenen Verhaltensweisen waren und wozu er oder sie Feedback oder Input vom Mentor oder der Mentorin wünscht. Auch für Mentorinnen und Mentoren ist es einfacher, sich auf ihre Mentees einzustellen, wenn sie sich im Vorfeld mit dem Thema beschäftigt haben: Was sind meine Erfahrungen mit

U. Rademacher und U. Weber, *Mentoring im Talent Management*,
DOI 10.1007/978-3-658-16584-0_6

diesem Thema? Wie habe ich mich und andere junge Talente dahingehend erlebt? Was muss ich vom Mentee dazu noch alles wissen?

Die in Abb. 6.1 dargestellte Liste hilft Ihnen, die wichtigsten Fragen zur Vorbereitung für sich zu klären und bei Bedarf einen „Spickzettel" zur Hand zu haben, damit in der begrenzten Zeit des Tandems keine wichtigen Aspekte vergessen werden.

In den ersten beiden Treffen sollten Mentorinnen, Mentoren und Mentees gemeinsam die grundsätzlichen „Dos und Don'ts" ihrer Zusammenarbeit besprechen (vgl. Abb. 6.2). Auf diese Weise haben Befürchtungen und unausgesprochene Erwartungen keine Chance und es wird der Boden für den offenen und ehrlichen Umgang miteinander gelegt. Alle Beteiligten sollten ihre Wünsche und Erwartungen direkt ansprechen und offenlegen, wo sie flexibel sind und wo

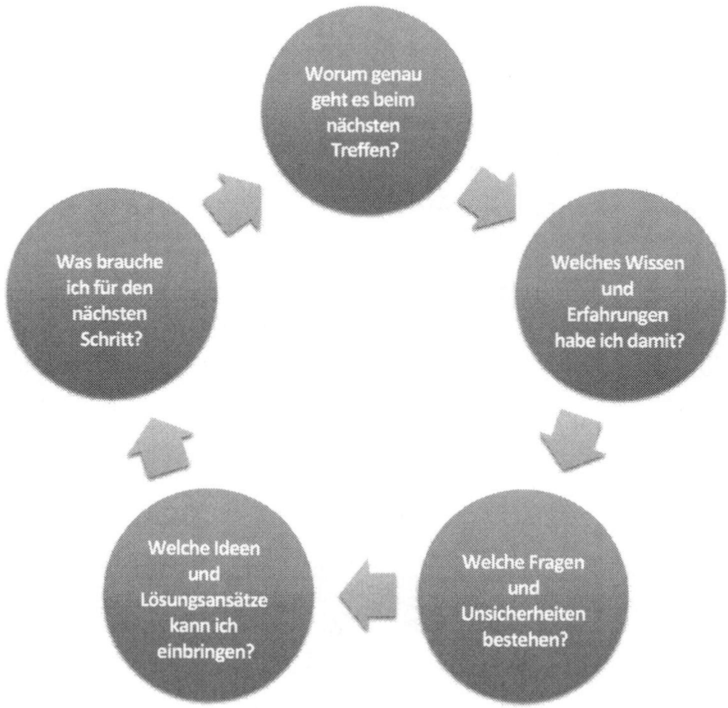

Abb. 6.1 Fragen zur Vorbereitung. (Eigene Darstellung)

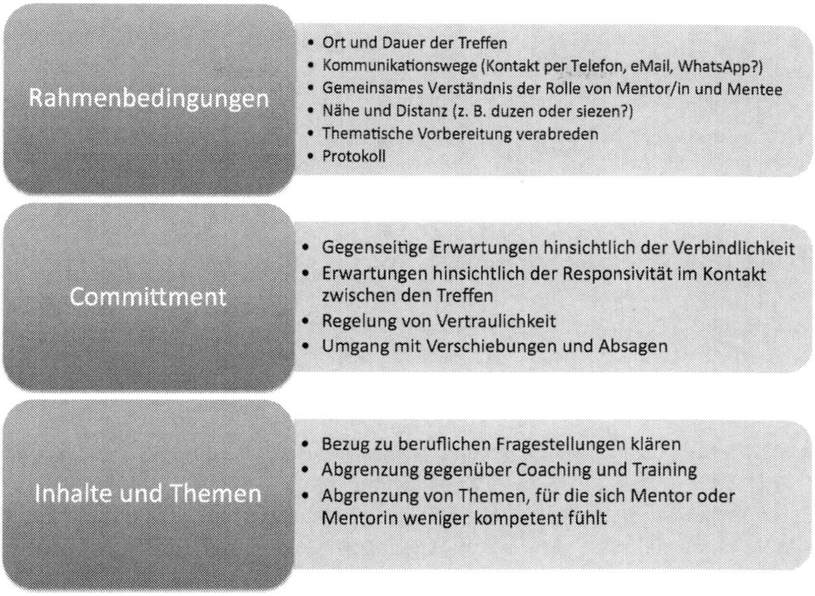

Abb. 6.2 Erwartungsmanagement in der Anfangsphase des Mentoring

nicht. Kritische Punkte, hinsichtlich derer beide Tandempartner zu Beginn des Mentoring eine Übereinkunft treffen sollten, betreffen die Rahmenbedingungen ihrer Gespräche, aber auch Aspekte der eigentlichen Inhalte und Themen. Es hat sich als förderlich erwiesen, diese und ähnlich angesiedelte Themen in den ersten beiden Mentoring-Treffen als einen „psychologischen Vertrag" auszuhandeln (vgl. Rademacher 2014) und durchaus schriftlich zu fixieren. Auch wenn dieser „Vertrag" keine (arbeits)rechtlichen Auswirkungen hat, führt die konkrete Ausformulierung und Besiegelung mit Datum und Unterschrift erfahrungsgemäß zu einer verbindlicheren Haltung von Mentee und Mentor (siehe Mentoring-Vertrag in Kap. 7). Formale Aspekte wie Zeit, Ort, Dauer und Verbindlichkeit der Treffen sollten darin genauso festgehalten werden wie die gegenseitigen inhaltlichen Erwartungen, Vereinbarungen hinsichtlich Vertraulichkeit und Verschwiegenheit sowie Regelungen zu Änderungen (z. B. von Themen) und vorzeitiger Beendigung des Mentoring (z. B. bei Unzufriedenheit, Vertrauens- oder Vertragsbruch). Gerade für die „Orientierungssuchenden" der Generation Y ist eine klare Definition der Regeln und Erwartungen an sie wichtig. Und für die „Ambitionierten" reduziert es den Druck, unter den sie sich selber setzen mit Ansprüchen an sich selber im Mentoring. Last, but not least sorgt es bei den „Erlebnisorientierten“ dafür, dass sie sich an die Vereinbarungen halten und nicht durch andere „Erlebnisse“ abgelenkt werden könnten.

Um Frustration und schlechte Stimmung zu vermeiden, sollten sich Mentorinnen, Mentoren und Mentees zu Anfang darauf verständigen, wie sie die erforderliche Verbindlichkeit der Treffen sichern können: Bis wann sollte eine Verschiebung spätestens abgestimmt werden? Auf welchem Kommunikationskanal? Welche Gründe rechtfertigen eine Verschiebung, welche nicht? Wie viele Absagen oder Verschiebungen (hintereinander/in einem Jahr) sind maximal tolerabel? Häufig haben junge Mentees andere Vorstellungen und Toleranzgrenzen hinsichtlich Absagen oder kurzfristigen Verschiebungen von vereinbarten Terminen als ihre Mentoren. Doch auch viel beschäftigte Mentorinnen und Mentoren müssen dem Mentoring ausreichend hohe Priorität zuordnen, um Mentees nicht durch häufige Verschiebungen zu enttäuschen und zu verunsichern. Gleichwohl ist es unwahrscheinlich, dass weder dem Mentor noch dem Mentee einmal etwas Unerwartetes und Dringendes dazwischenkommt. Sollten sich Absagen häufen, kann dies jedoch darauf hinweisen, dass das Mentoring als unwichtig oder nicht zufriedenstellend erlebt wird, sei es seitens des Mentors oder der Mentorin oder seitens des Mentee. Deswegen sollte dies unbedingt beim nächsten Treffen offen angesprochen werden: Welchen Nutzen hat das Mentoring bislang? Welche Wichtigkeit besitzt es für mich im Vergleich zu anderen To-dos? Wie kann ich eine höhere Verbindlichkeit gewährleisten und mich gegenüber anderen Anforderungen ausreichend abgrenzen? Sollte der Austausch darüber keine Verbesserung erbringen, sollte die Organisation des Mentoring-Programms zur Unterstützung involviert werden.

Auch der Umgang mit Nähe und Distanz kann zum Thema gemacht werden. Soll vom „Sie“ zum „Du“ gewechselt werden, wenn der Austausch im Mentoring intensiver und auch persönlicher wird als in sonstigen beruflichen Beziehungen? Oder ist gerade das „Sie“ gefordert, um professionelle Distanz zu wahren und nicht in die Eltern-Kind-Rolle zu fallen? Die Antwort muss darauf individuell für die eigene Persönlichkeit und die Unternehmenskultur gefunden werden. Wichtig ist dabei jedoch, dass Mentoring eine professionelle Beziehung mit gegenseitigem Respekt und klaren Grenzen bleibt und nicht zur Freundschaft wird. Junge Talente müssen im Mentoring Vertrauen zum Mentor oder zur Mentorin entwickeln, gilt es doch, offen und ehrlich über Dinge zu sprechen, die sie als problematisch, verunsichernd oder kritisch erleben. Hilfreich ist es für den Aufbau des Vertrauensverhältnisses, eine Regelung hinsichtlich der Vertraulichkeit zu treffen. Nicht immer können Mentorinnen und Mentoren wie Ärzte oder Geistliche hundertprozentige Verschwiegenheit zu allen Themen zusichern, da sie auch dem Unternehmen verpflichtet sind. Dennoch sollte Mentoring die Sicherheit bieten, dass es sich nicht negativ auf die Weiterentwicklung im Unternehmen auswirkt, wenn Mentees von Problemen beim Umgang mit bestimmten Aufgaben, Vorgesetzten oder Kunden berichten. Umfang und Grenzen der Vertraulichkeit sollten direkt abgesprochen werden, damit Mentees sich im Mentoring in selektiver Authentizität – nach dem Motto „Alles, was gesagt wird, trifft zu; aber nicht alles, was zutrifft, wird auch gesagt" – üben können.

Neben der Sicherung des wechselseitigen Commitments sind vor allem die nicht ausgesprochenen Wünsche und Erwartungen Stolpersteine im Mentoring-Prozess (Schmid und Haasen 2011). Sowohl Mentorinnen und Mentoren als auch Mentees hegen bewusst und unbewusst vielfältige Erwartungen, wie sich ihr Gegenüber im Mentoring verhalten soll und was sie sich als Unterstützung und Anerkennung wünschen. Diskrepanzen und unerfüllbare Wünsche können auf beiden Seiten zu Enttäuschung oder Überlastung führen und die Mentoring-Beziehung beeinträchtigen. Deswegen sollte gerade in der Anfangsphase des Mentoring direkt und ehrlich angesprochen werden, was Mentee und Mentor/in gegenseitig voneinander erwarten und was nicht. Auch wenn es unangenehm erscheint, sollten sich beide Seiten auch bei späteren Mentoring-Treffen folgende Fragen stellen:

- Wie zufrieden bin ich mit dem bisherigen Verlauf?
- Was gefällt mir gut? Was hilft mir weiter? Wovon hätte ich gerne mehr?
- Was gefällt mir nicht gut? Worauf kann ich verzichten? Habe ich dies angesprochen?
  - Wenn ja: Bin ich mit der Reaktion zufrieden?
  - Wenn nicht: Was würde mir dabei helfen, meine Kritik offen und konstruktiv zu formulieren?

Um inhaltlich gemeinsam voranzukommen, sollten konkrete Ziele für das Mentoring vereinbart werden (vgl. Abb. 6.3). Diese sollten einen gemeinsamen Nenner darstellen aus Interessen des Unternehmens, der Mentorinnen und Mentoren sowie Mentees.

Die Schnittmenge dieser Perspektiven bildet den Pool möglicher Themen für die Mentoring-Gespräche (vgl. Abb. 6.4). Diese sollten jedoch nicht nur fachliche Bezüge aufweisen, sondern für Mentee und Mentorin und Mentor auch interessant und relevant sein. Können Mentorinnen und Mentoren mit einem Thema wenig anfangen, können im Mentoring auch Ideen erarbeitet werden, welche Alternativen sie dem Mentee mit auf den Weg geben können. Vielleicht kennt er

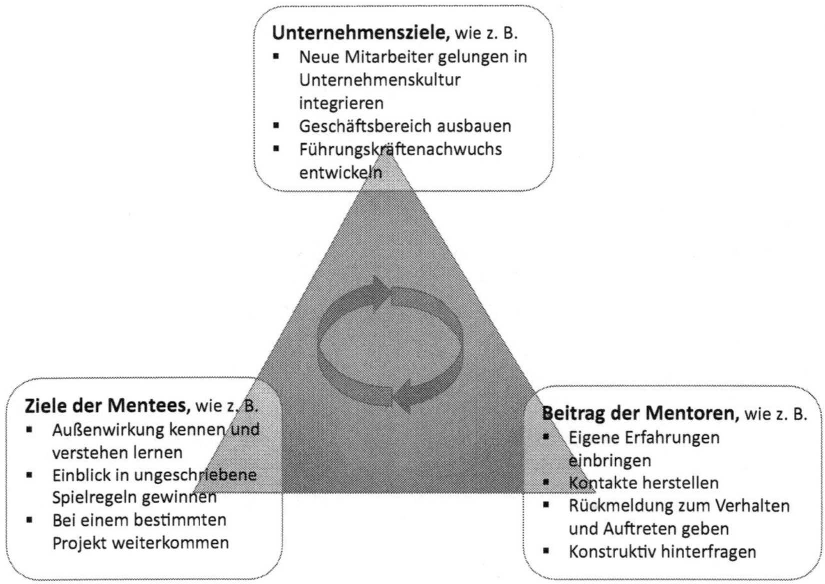

Abb. 6.3 Zielfindungen im Mentoring. (Eigene Darstellung)

oder sie eine Person im oder außerhalb des Unternehmens, die mit der spezifischen Fragestellung beruflich mehr Berührungspunkte hat. Vielleicht kann er oder sie durch gezielte Fragen den Mentee inspirieren, auf welche Weise die Mentees sich das erforderliche Wissen aneignen können. Entwickelt sich der Austausch in einer Richtung, die für den Mentee wenig gewinnbringend ist: Wie kann er oder sie dies auf konstruktive Weise thematisieren? Was würde er oder sie sich stattdessen vom Mentoring wünschen?

Die Inhalte und Resultate der Mentoring-Gespräche sollten schriftlich festgehalten werden. Das erleichtert es, eine klare Bilanz zu ziehen und sicherzustellen, dass Mentees und ihre Mentorinnen und Mentoren über ein ähnliches Verständnis von den behandelten Themen verfügen. Ein Kurzprotokoll, das Mentees im Anschluss an das gemeinsame Treffen verfassen und dem Mentor oder der Mentorin zeitnah zukommen lassen, erleichtert es beiden zudem, beim nächsten Treffen in vier bis sechs Wochen den Anschluss an den Austausch zu finden. Das Dokumentieren der Gesprächsthemen und der Erkenntnisse, welche Mentees für sich mitnehmen, unterstützt den Lernprozess der Talente, da Inhalte nochmals bearbeitet und dadurch besser in den eigenen Wissens- und Erfahrungsstrukturen

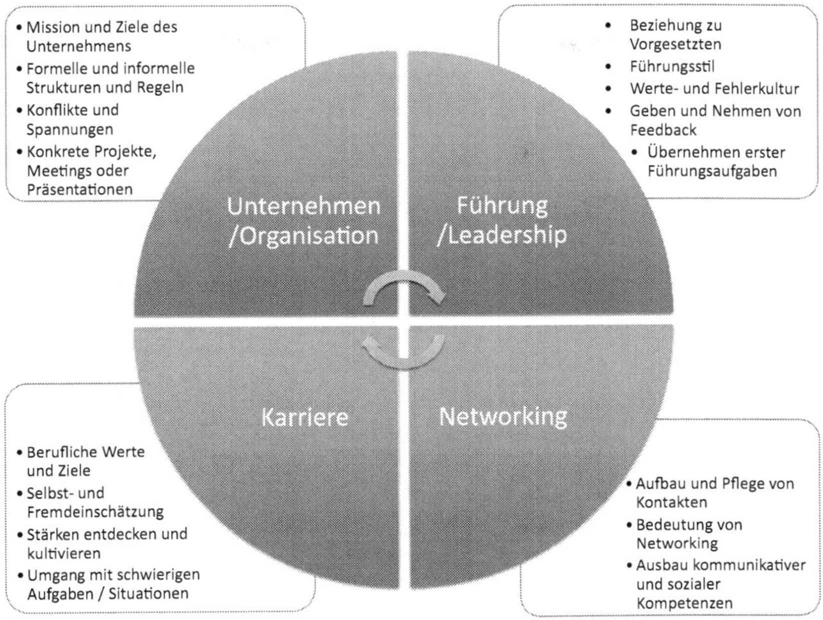

Abb. 6.4 Klassische Mentoring-Themenbereiche. (Eigene Darstellung)

verankert werden. Ein „Learning Diary" kann diese Lerneffekte und den Transfer in den beruflichen Alltag zusätzlich unterstützen. In diesem notieren Mentees konkrete Situationen, Erlebnisse und Verhaltensweisen, die ihnen im Alltag auffallen und ihnen Schwierigkeiten bereiten. Außerdem halten sie Aha-Momente aus dem Mentoring-Gespräch oder konkrete Ziele fest, welche Verhaltensweisen sie in welchen Begegnungen bis zum nächsten Treffen einmal erproben wollen.

6.2 Mentoring-Treffen aktiv gestalten

▶ Im Verlauf der Mentoring-Gespräche sollen sich Mentorinnen und Mentoren und die jungen Talente auf Augenhöhe austauschen, dabei aber unterschiedliche Rollen im Gespräch ausfüllen.

6.2.1 Die Verantwortung der Mentoren

Mentorinnen und Mentoren sind Moderatoren des Gespräches und sorgen für einen **flüssigen Gesprächsverlauf,** in welchem das Gespräch auf das gemeinsam abgestimmte Themenfeld ausgerichtet bleibt und nicht abschweift. Meist schildert der Mentee zu Beginn eines Tandems konkrete Herausforderungen, Erlebnisse oder Fragen an den Mentor. Der Mentor muss das sich daraus entwickelnde Gespräch so führen, dass sich anhand der konkreten Schilderung das allgemeine Thema oder die Fragestellung herauskristallisiert, die gemeinsam bearbeitet werden soll. Bei jungen Talenten, denen es schwerfällt, zu abstrahieren, können Fragen wie „Was zeigt sich an dieser Reaktion / durch dieses Verhalten / durch Ihre Überlegungen?“ die Selbstreflexion anregen. Denn die Mentees sollen nicht mit Ratschlägen oder Empfehlungen des Mentors oder der Mentorin aus dem Gespräch herausgehen, sondern mit der Fähigkeit, sich selbst ein umfassendes Bild zu machen, unterschiedliche Optionen abzuwägen und den Mut zu einer eigenständigen Entscheidung zu entwickeln. Mentees, die überwiegend abstrakte Grundsatzthemen ins Mentoring einbringen, sollten deswegen durch gezieltes Nachfragen (z. B. „Wie zeigt sich das konkret in Ihrem Verhalten / einer beruflichen Situation / einer Begegnung mit Ihrem Vorgesetzten?“) dazu ermuntert werden, sich des eigenen Verhaltens und Erlebens bewusst zu werden und Ideen für konkrete Änderungen zu entwickeln.

Schließlich haben Mentorinnen und Mentoren auch die Verantwortung für das **Zeitmanagement** und müssen durch ihre Moderation des Gespräches dafür sorgen, dass es nicht nur thematisch am vereinbarten Thema bleibt, sondern auch zeitlich nicht den vereinbarten Rahmen sprengt. Steuernde Fragen helfen, Vielredner zu bremsen und an die Mitverantwortung für die Fokussierung zu erinnern („Welche drei Aspekte von dem, was Sie alles genannt haben, sind für Sie die dringendsten Probleme?“, „Auf welchen Punkt wollen Sie sich in den verbleibenden 20 Minuten konzentrieren?“). Inhaltlich soll der Austausch von Mentor/in und Mentee Schritt für Schritt von den Schilderungen herausfordernder oder verunsichernder Situationen und Verhaltensmuster zu der Entwicklung von Möglichkeiten führen, wie der Mentee in Zukunft mit ähnlichen Situationen oder Personen umgehen möchte. Offene Fragen sind gut geeignet, um ein umfassendes Verständnis der problematischen Aspekte zu gewinnen. Sie können aber auch inspirierende Impulse dafür geben, wie mögliche Veränderungen und Lösungen aussehen könnten, insbesondere wenn sie als hypothetische oder Veränderungsfragen formuliert werden (siehe Abb. 6.5).

Durch **Feedback** halten Mentorinnen und Mentoren dem Mentee einfühlsam und wohlwollend einen Spiegel vor und geben zu verstehen, was die Erzählung des Mentees bei ihnen auslöst. Dies kann wertvolle Impulse vermitteln, wie der

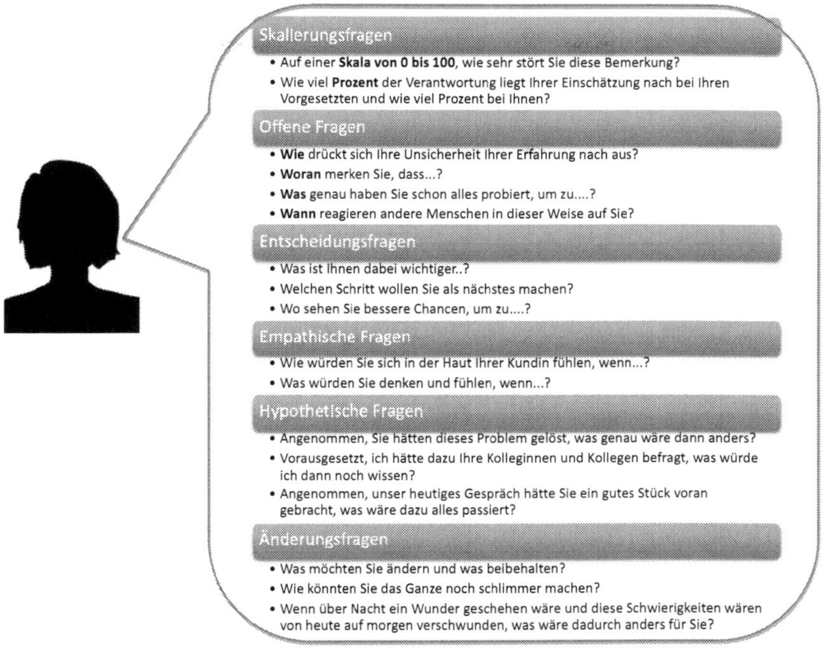

Abb. 6.5 Gespräche durch Fragen führen. (Eigene Darstellung)

Mentee auch auf andere Kollegen, Kolleginnen, Vorgesetzte oder Kunden wirkt, und zum Hinterfragen der Selbstwahrnehmung einladen. Gerade junge Talente aus der Generation Y sind an Feedback sehr interessiert, da es ihnen Orientierung gibt, wie ihre Einschätzungen und Ideen mit denjenigen „alter Hasen" übereinstimmen. Zudem gibt ihnen das „Absegnen" von Vorschlägen oder Entscheidungen durch den Mentor das Quäntchen Sicherheit, das ihnen aufgrund ihrer begrenzten beruflichen Erfahrung fehlt. Empfehlenswert ist es für Mentorinnen und Mentoren, Feedback nicht unaufgefordert oder übermäßig häufig zu formulieren, da dies die Selbstbestimmung des Mentee und seine Entwicklung zur Eigenverantwortung einschränkt. Um ein Gefühl für das richtige Maß von Zuhören und Spiegeln zu gewinnen, kann der Mentor den Bedarf an Feedback direkt thematisieren („Möchten Sie, dass ich Ihnen dazu meinen Eindruck schildere / Ihnen Feedback gebe, oder soll ich einfach nur zuhören?").

Mentorinnen und Mentoren sollen Mentees durch ihre **Fragen** zum Nachdenken anregen, mögliche Alternativen (von Bewertungen oder Verhaltensweisen) einfordern und dadurch zu einem tieferen Verständnis des Themas führen. Dies gelingt weniger durch Ratschläge oder Schilderungen der eigenen Verhaltensweisen und Entscheidungen, auch wenn dies gut gemeint ist, sondern vielmehr durch gezielte Fragen. Fragen mögen für erfahrene Mentorinnen und Mentoren zunächst ungewohnt sein, da sie in ihrer beruflichen Rolle ansonsten Situationen beschreiben, Instruktionen und Ratschläge geben. Im Mentoring jedoch sind Fragen besser als Mittel der Gesprächsführung geeignet. Fragen nehmen Lösungen als Möglichkeiten vorweg. Fragen ergründen spielerisch neue Optionen. Fragen lösen aufseiten der Mentees einen inneren Suchprozess aus, der ihnen einen neuen Blickwinkel auf das geschilderte Verhalten oder die herausfordernde berufliche Situation selbst entdecken lässt.

6.2.2 Die Verantwortung der Mentees

Selbstverständlich müssen Mentees ihren Teil dazu beitragen, dass die Mentoring-Gespräche flüssig verlaufen und sich auf natürliche Weise für sie relevante Themen herauskristallisieren. Stellt man sich Mentoring bildlich als das Fahren eines Tandemfahrrads vor, sitzt der Mentee vorne und bestimmt die Richtung und die Geschwindigkeit, mit der beide vorankommen, sowie die Pausen auf ihrem Weg. Dies sollte der Mentor dem Mentee bewusst machen und sich bei der Abstimmung der Themen und Termine des Mentoring entsprechend zurückhalten. Es liegt in der Verantwortung des Mentee, Termine verbindlich zu vereinbaren, Themen vorzuschlagen und Situationen aus seinem Learning Diary (siehe Abschn. 6.1) in das Tandem einzubringen. Gerade die Übernahme von **Eigenverantwortlichkeit** ist ein wichtiges Lernziel für die Berufstätigkeit, welche junge Talente im Mentoring erlernen und reflektieren können: Was wird von mir an Eigenständigkeit erwartet? Wie gelingt es mir, Dinge alleine zu entscheiden und umzusetzen? Wie kann ich mir Unterstützung einholen? Wie kann ich Grenzen setzen? (vgl. Abb. 6.6).

Diese Eigenverantwortung sollte nicht nur theoretisch im Mentoring besprochen werden, sondern sich auch in der praktischen Umsetzung zwischen den Treffen „beweisen“. Was gelingt dem Mentee? Wo gibt es Schwierigkeiten? Die gemeinsame Reflexion im Mentoring kann nur dann Früchte tragen, wenn der Mentee auch über Fehler und Rückschläge offen und ehrlich berichtet und sich darauf einlässt, sich kritisch und konstruktiv mit sich auseinanderzusetzen. Die Offenheit, sich auch mit den eigenen Grenzen und Schattenseiten zu beschäftigen, ist nicht bei allen Interessentinnen und Interessenten für Mentoring gegeben.

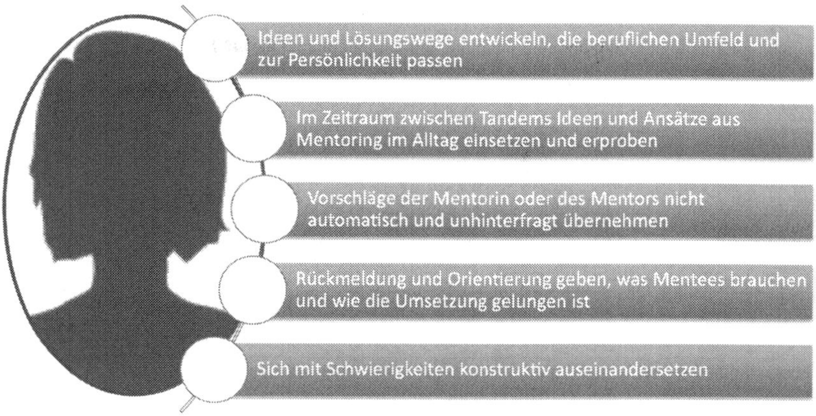

Abb. 6.6 Eigenverantwortlichkeit erlernen. (Eigene Darstellung)

Deswegen sollte bei der Konzeption berücksichtigt werden, welche Anforderungen an Mentoring-Kandidaten gestellt werden und wie diese in der Programmgestaltung kommuniziert werden (siehe Kap. 5). Denn ohne ein Mindestmaß an Interesse, selbst die Initiative zu ergreifen, das eigene Denken und Handeln zu beleuchten und sich nicht nur fachlich, sondern auch persönlich weiterzuentwickeln, machen Mentoring-Treffen wenig Sinn.

6.3 Methoden und Instrumente des Mentoring

Im Folgenden werden verschiedene Methoden und Instrumente vorgestellt, mit deren Hilfe Mentorinnen und Mentoren die Gespräche mit ihren Mentees gelungen gestalten können. Neben grundsätzlichen Werkzeugen für die konstruktive Gesprächsführung erhalten sie einige ausgewählte Modelle und Techniken, die unterstützend und strukturierend im Austausch mit den Mentees eingesetzt werden können.

6.3.1 Eine tragfähige Beziehung aufbauen

Ein guter Kontakt ist die Grundvoraussetzung dafür, dass Mentees sich ihrem Mentor oder ihrer Mentorin gegenüber öffnen und von sich und ihren Erlebnissen im beruflichen Alltag erzählen. Durch eine zugewandte Körperhaltung und das Suchen von Blickkontakt zum Mentee werden wichtige nonverbale Hinweise gegeben, interessiert und aufmerksam zuzuhören. Gerade zu Beginn des Mentoring unterstützt es den Aufbau von Vertrauen und Nähe, wenn der Mentor sich in der Körperhaltung und sprachlich an den Mentee anpasst. Diese Ähnlichkeit zwischen Gesprächspartnern stellt sich auf natürliche Weise von alleine ein, wenn Menschen sich gut miteinander verstehen. Als Moderator kann der Mentor oder die Mentorin die Technik des **„Spiegelns"** bewusst einsetzen, um auf subtile Weise eine Vertrauensbasis zu unterstützen (vgl. Rademacher 2014) (vgl. Abb. 6.7).

Das Spiegeln des Gegenübers kann sich beziehen auf

- die Körperhaltung (z. B. zurückgelehnt oder aufgerichtet, Beine übereinandergeschlagen oder aufgestellt),
- die Mimik (z. B. Aufgreifen eines überraschten oder besorgten Gesichtsausdrucks),
- die Gestik (Verwenden ähnlicher Gesten zur Unterstreichung des Gesagten),
- die Sprache (z. B. Verwendung ähnlicher Begriffe, Bilder und Metaphern, Wahl von Fachsprache oder Umgangssprache, Sprechgeschwindigkeit, Lautstärke).

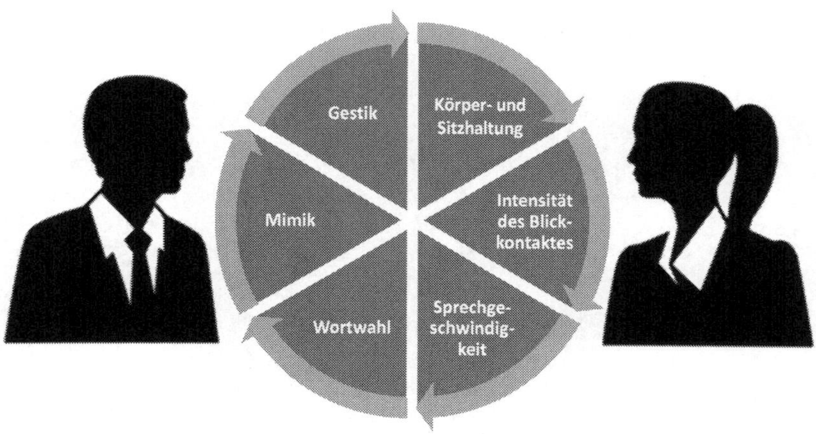

Abb. 6.7 Spiegeln der verbalen und nonverbalen Kommunikation. (Eigene Darstellung)

Natürlich sollen Mentorinnen und Mentoren nicht versuchen, ihre Mentees mit Jugendsprache zu beeindrucken oder ihre Mentees zwanghaft zu imitieren. Aber auf die Schilderung des Mentee, der Vorgesetzte würde „manchmal voll nerven", gibt die anschließende Frage, was genau den Mentee dabei „nervt", eher den Eindruck, auf einer Wellenlänge zu sein, als die Frage danach, „welcher Aspekt des Führungsverhaltens ihn irritiert".

Bei der **Gesprächsführung** ist grundsätzlich darauf zu achten, dass Mentor/in und Mentee nicht aus ihren professionellen Rollen fallen und in eine Eltern-Kind-Beziehung abdriften. Dies ist durch die Konstellation von älterem und erfahrenem Mentor mit jungem Talent eine anzutreffende Gesprächsdynamik im Tandem. Um dies zu verhindern, ist die Kenntnis der unterschiedlichen Ich-Zustände, welche der humanistische Psychologe Eric Berne in seinem Ansatz der Transaktionsanalyse (Berne 2006) unterscheidet, hilfreiches Know-how für Mentoren (vgl. Hay 2011; Rademacher 2014):

Unterschiedliche Ich-Zustände im Ansatz der Transaktionsanalyse

- Das **Kindheits-Ich** macht den inneren Freigeist von uns aus. Mentees erzählen, fühlen und bewerten in diesem Ich-Zustand so, wie sie es als Kind taten oder durften. Das kann der relativ ungefilterte Ausdruck von Wünschen, Bedürfnissen und Sehnsüchten sein oder die Begeisterung für Neues und Unbekanntes. In dem Mentoring-Gespräch kann dies durch den häufigen Gebrauch des Wortes „Ich" sowie emotional aufgeladene Worte wie „krass", „super", „toll" oder „mega" mit entsprechend lebendiger Intonation zum Ausdruck kommen. In Gesprächspassagen, in denen Mentee und Mentorinnen und Mentoren sich um einen emotionalen Zugang zu dem Mentoring-Thema bemühen oder mögliche Lösungsansätze entwickeln wollen, bringt dieser Ich-Zustand positive Energie und kreative Ideen in das Gespräch hinein. Die Alltagstauglichkeit der ersten Ideen sollte kritisch geprüft werden, bevor der Mentee überschwänglich an die Umsetzung geht. Die Schattenseite des Kindheits-Ichs zeigt sich in der rebellischen und trotzigen Seite der Persönlichkeit des Mentee. Sie orientiert sich an den Regeln der Kindheit und des Elternhauses, allerdings mit negativem Vorzeichen. Mentees in diesem Ich-Zustand machen das Gegenteil von dem, was von ihnen erwartet wird. Die Kommunikation kann in einen trotzigen und abgrenzenden Stil abdriften, indem Vorschläge verweigert werden und Provokationen die Grenzen der Mentoring-Beziehung austesten. Beobachtet ein

Mentor oder eine Mentorin diese Tendenz, sollte er oder sie prüfen, ob unaufgeforderte Tipps und Ratschläge aus der psychologischen Elternrolle diese Reaktionen beim Mentee ausgelöst haben. Hilfreich ist es in diesem Fall, auf die provozierenden Kommentare des Mentee (z. B. „Dann kann ich das ja gleich alles sausen lassen“) ruhig zu reagieren und sachlich auf die Inhalte der Äußerungen einzugehen („Sie sehen also keine Möglichkeit für sich, an diesem Punkt weiterzumachen mit Ihrem Vorhaben?“).

- Das **Erwachsenen-Ich** richtet sich auf die aktuelle Situation aus. In diesem Ich-Zustand reagieren Mentees im Mentoring auf die für das Thema relevanten Informationen, sind dazu in der Lage, unterschiedliche Perspektiven einzunehmen, Schlüsse zu ziehen und Entscheidungen zu treffen. Sie verhalten sich sachlich, aufgeschlossen und objektiv. Im Gespräch fassen Mentees ihre Eindrücke in diesem Ich-Zustand sachlich zusammen, sind geistig und körperlich entspannt und aufnahmefähig. Die sachliche Orientierung des Erwachsenen-Ichs ist ein guter „Arbeitsmodus“ im Mentoring, denn Mentees gehen Ursachen auf den Grund und wägen Vor- und Nachteile von Verhaltensoptionen gegeneinander ab. Annahmen und Vermutungen, die sich nicht auf die tatsächliche Situation beziehen, haben keine Wirkung. Allerdings stößt dieser Ich-Zustand dort an Grenzen, wo eine stärkere emotionale Beteiligung, Neugier oder Begeisterung gefragt ist.
- Im Ich-Zustand des **Eltern-Ichs** denken, fühlen und handeln Menschen so, wie sie es bei ihren Eltern oder Autoritätspersonen erlebt haben. Ihre Prinzipien, Grundsätze und Regeln können im Mentoring unbewusst aktiviert werden und den Austausch bestimmen. Gerade in ungewohnten Situationen und im Kontext von Führung können Mentoren aus diesem Ich-Zustand heraus handeln. Die fürsorgliche Seite des Eltern-Ichs fördert ein Gesprächsklima der Sicherheit und des gegenseitigen Respekts. Spannungen können im Mentoring entstehen, wenn Mentorinnen oder Mentoren in die Rolle des kritisierenden Elternteils rutschen. Die häufige Verwendung von Aussagen wie „Man macht …“, „Es muss …“ oder „Das geht so nicht“ sind Signale dafür, dass Mentorinnen und Mentoren oder Mentee sich im kritischen Eltern-Ichzustand befinden. Verspürt der Mentor das Bedürfnis, den Mentee zurechtzuweisen oder direkt oder auf verletzende Weise zu kritisieren, sollte er erst einmal tief durchatmen und innerlich (oder auch körperlich) etwas auf Distanz zum Mentee gehen, um seine wertvollen Impulse auf eine konstruktive Weise

in das Gespräch einbringen zu können („Wenn ich das höre, macht mich das ungeduldig/nervös/wütend/frustriert und am liebsten würde ich ... Könnte es sein, dass es den anderen Personen in dieser Situation ebenso ging?“). Solche Reaktionen nehmen den spontanen Impulsen den Wind aus den Segeln und Mentorinnen und Mentoren sowie Mentees können sich wieder sachlich auf das Thema ausrichten. Positiv ist zu bemerken, dass Mentoren und Mentee in diesem Ich-Zustand für die Einhaltung von erprobten Standards, Traditionen und Prinzipien sorgen und sich sehr verantwortungsbewusst verhalten.

Selbstverständlich können sowohl Mentees als auch Mentorinnen und Mentoren aus diesen unterschiedlichen Ich-Zuständen in ihren Treffen kommunizieren. Da den Mentorinnen und Mentoren die Rolle der Gesprächsmoderation zukommt, ist die Kenntnis dieser psychologischen Prozesse für sie von größerer Bedeutung. In begleitenden Schulungen und bei der Supervision von Mentorinnen und Mentoren sollte die psychologische Dynamik der Kommunikation zwischen Mentorinnen und Mentoren sowie Mentees bewusst werden und der Umgang mit ihr trainiert werden. Dieser und ähnliche Ansätze können im eigentlichen Mentoring verwendet werden, wenn beispielsweise Mentoren die Außenwirkung der Mentees reflektieren und mögliche Spannungen und Diskrepanzen anhand der Ich-Zustände besser erklären können. Weitere Erklärungen, Gesprächsbeispiele und Übungen zum transaktionsanalytischen Modell von Eric Berne und zu konstruktiver Kommunikation finden sich in Rademacher (2014).

6.3.2 Konstruktiv Feedback geben

Das Geben von **Feedback** ist neben den vertiefenden Fragen eines der wichtigsten kommunikativen Werkzeuge für Mentorinnen und Mentoren. Dies gilt beim Talent Mentoring umso mehr, da sich die Generation Y durch einen hohen Bedarf an Rückmeldungen zu ihren Ideen, Vorschlägen und Lösungsansätzen bei der Aufgabenerfüllung auszeichnet (siehe Abschn. 5.1). Um im Mentoring im gewünschten Maß Orientierung und Sicherheit zu vermitteln, aber auch für das Gelingen der Mentoring-Gespräche selbst, ist es empfehlenswert, dass sich Mentorinnen und Mentoren und Mentee bei einem ihrer ersten Treffen darauf verständigen, wie häufig und auf welche Weise Rückmeldungen erfolgen sollen: Dürfen Mentees jederzeit nach Feedback zu ihren Fragen, Überlegungen und Vorschlägen fragen oder wünscht sich Mentor oder die Mentorin, dass die Mentees erst einmal versuchen, eigenständig eine Lösung zu entwickeln? Gibt es Phasen, in denen ein differenziertes Feedback nicht recht oder nicht möglich ist? Dürfen Mentees zu einem spezifischen Thema unbegrenzt viele „Feedbackschleifen" initiieren? Welche Art von Feedback wünscht sich ein Mentee – konstruktiv-kritisch oder bei einem bestimmten Thema vielleicht selektiv nur auf die positiven oder nur auf die verbesserungsfähigen Seiten bezogen?

Unabhängig von der Häufigkeit und Art des Feedbacks sollten Mentorinnen und Mentoren ihr Feedback mit Feingefühl, Respekt und in einer unterstützenden Grundhaltung vermitteln, auch – und dann ganz besonders – wenn sie kritische Rückmeldung geben wollen. Der respektvolle Umgang im Gespräch ist weniger eine Technik der Gesprächsführung als das Ergebnis einer inneren Haltung. Respekt für den anderen ist dann möglich, wenn die eigenen Bedürfnisse und Ansichten ebenso anerkannt werden wie die des Gegenübers und beide ihrer Andersartigkeit mit Wertschätzung begegnen können.

Für die Formulierung von Feedback haben sich einige praktische Gesprächsregeln bewährt, die in Abb. 6.8 zusammengefasst sind. So kann Feedback besser angenommen werden, wenn es als **Ich-Aussage** formuliert ist. Denn Du-Aussagen werden selbst bei gut gemeinten Formulierungen häufiger als Vorwurf oder Bewertung erlebt, was zu schlechter Stimmung und äußerem oder innerem Widerstand im Mentoring-Gespräch führen kann („Reaktanz"). Viele Menschen formulieren ihre Beobachtungen, Überlegungen und Vorschläge als unpersönliches „man". Diese sprachliche Form erscheint diplomatisch, da es ja nicht um die eigenen Interessen oder Positionen geht. Manchmal sind diese eher ausweichenden Formulierungen auch Folgen der Erziehung, welche Ich-Forderungen als „egoistisch" ablehnte. Die Verwendung von „man" führt jedoch häufig dazu, dass die Kommunikation unpersönlich verbleibt und echter Kontakt zwischen Mentor oder die Mentorin und Mentee erschwert oder vermieden wird. Es bleibt vage, welche Ansicht und Einschätzung die Mentoren vertreten und woran sich die Mentees ausrichten können. Formulierungen in Form von Ich-Aussagen vermitteln deutlicher, was der Mentor oder die Mentorin von den Vorschlägen und Ideen des Mentee hält, und markieren Rückmeldungen deutlich als persönliche Perspektive, die weder allgemeingültig noch unfehlbar ist.

Um den Einsatz von Ich-Aussagen zu fördern, ist es hilfreicher, mit gutem Beispiel voranzugehen, als sie zur offiziellen Gesprächsregel zu erklären. Denn die stringente Verwendung von Ich-Aussagen hat häufig eine ansteckende Wirkung und führt dazu, dass auch die Mentees sich weniger hinter einem „man" oder „wir" verstecken. Ansonsten können Mentorinnen und Mentoren durch direkte Fragen („Und was denken Sie (persönlich) dazu?") den Fokus auf die persönlichen Eindrücke der Mentees ausrichten.

Ich-Aussagen Statt „Sie-" oder „Man"-Aussagen

- Ich stelle mir Sie in der Situation vor, die Sie gerade beschrieben haben, und habe den Eindruck, dass ...
- Ich persönlich halte XXX für hilfreich, deswegen ...
- Wenn ich Ihnen zuhöre, frage ich mich, ...

Beschreiben Statt bewerten

- Ich beobachte, dass ...
- Sie beschreiben diese Situation / Ihren Kollegen als ...
- Ich höre / sehe / empfinde ...

Konkret Statt allgemein oder abstrakt formulieren

- In dem Gespräch mit Ihrem Vorgesetzten haben Sie in den ersten 10 Minuten ...
- Sie schauen häufig auf Ihr Smartphone und bauen wenig Blickkontakt zu mir auf, da frage ich mich ...
- In Ihrer Präsentation haben Sie an mehreren Stellen ...

Stärken im Fokus Statt Fehler und Versäumnisse

- Ihre persönliche Stärke sehe ich besonders in ...
- Ich finde, Ihnen gelingt besonders gut ...
- Mich überzeugt / interessiert / erfreut bei Ihrer Schilderung vor allem, dass Sie ...

Fehler als Chance Nicht Charakterschwäche betrachten

- In diesem Bereich sehe ich Verbesserungsmöglichkeiten in ...
- Ich würde mir wünschen, dass Sie beim nächsten Mal ...
- Was würden / können Sie anders machen, damit ...?

Abb. 6.8 Konstruktives Feedback geben. (Eigene Darstellung)

Aussagen beim Feedback sollten die Ebene der Beobachtung von der Bewertung des Beobachteten trennen. Kritisches Feedback kann besser akzeptiert werden, wenn die **Beschreibung von Verhalten** sich sprachlich deutlich von der subjektiven Bewertung unterscheidet und so ein gewisses Maß an Freiheit besteht, zu anderen Bewertungen kommen zu können. Zum anderen macht der Bezug zu **konkreten Verhaltensweisen** der Mentees transparent, wodurch der Eindruck beim Mentor oder der Mentorin zustande kommt. Dies legt bei der Offenheit für Veränderung nahe, in welchen Situationen Mentees ein anderes Verhalten an den Tag legen könnten, um einen anderen, gewünschten Eindruck vermitteln zu können.

- **Ich-Aussagen über die Wahrnehmung des Mentee:**
  „Ich habe in unserem Gespräch / bei unserem Treffen beobachtet, dass Sie …"
  „Mir ist bei Ihrer Schilderung aufgefallen, dass Sie …"
  „Ich sehe, dass Sie …"

- **Ich-Aussagen über die Außenwirkung:**
  „Bei mir bewirkt Ihr Verhalten / Ihr Vorschlag / Ihre Stimmungslage, dass …"
  „Wenn ich Ihre Beschreibung/Darstellung/Handlungen wahrnehme/ beobachte, fühle ich mich …"
  „Auf mich wirkt Ihre Äußerung / Ihre Entscheidung …"

- **Ich-Aussagen über Gedanken:**
  „Wenn ich Ihnen zuhöre / Sie beobachte, dann frage ich mich …"
  „Bei Ihrer Darstellung / Beschreibung / Argumentation geht mir … durch den Kopf."

Ein weiterer sprachlicher „Trick", um Mentees dazu anzuregen, ihre Eindrücke in Form von Ich-Aussagen zu formulieren, besteht in der Technik des **Paraphrasierens.** Dabei umschreibt der Mentor oder die Mentorin die Schilderungen des Mentee (z. B. „Damit ist man doch total überfordert und weiß überhaupt nicht, was die eigentlich von einem wollen") in eigenen Worten mit direktem Bezug zum Mentee („Sie waren in der Situation also überlastet und konnten nicht einschätzen, welches Verhalten von Ihnen erwartet wurde?"). Dadurch geben Mentorinnen und Mentoren ihren Mentees die Chance, die Interpretation zu bestätigen oder gegebenenfalls zu korrigieren. Diese sprachlichen Umschreibungen unterstützen die Verständnissicherung beim aktiven Zuhören und verhindern, dass Mentorinnen und Mentoren sich vorschnell auf Lösungsansätze ausrichten. Paraphrasierungen befriedigen darüber hinaus das Bedürfnis, wahrgenommen und akzeptiert zu werden, und bauen gegenseitigen Respekt und Vertrauen auf.

Bei allen Rückmeldungen, selbst wenn sich Mentees explizit eine Rückmeldung „zu allem, was ich besser machen kann" wünschen, sollten die **Stärken** der Mentees im Vordergrund stehen. Denn der Fokus auf positive Aspekte führt nachweislich zu stärkeren und nachhaltigeren Lerneffekten als das Festbeißen an Fehlern und Versäumnissen (Hüther 2011). Deswegen ist es ratsam, auch bei Mentees, die ihre eigenen Erwartungen und die des Unternehmens nicht erfüllen, den Fokus auf die Potenziale zu richten und zu erkunden, welche Rahmenbedingungen und Ressourcen Mentees benötigen. Die Suche nach „dem Guten im Schlechten“ kann beispielsweise bedeuten, dass Mentees sich bemühen, ihre Verhaltensweisen zu ändern, auch wenn es ihnen noch nicht so gelingt, wie es erwartet wird. Es kann darin bestehen, dass Mentees im Mentoring-Gespräch zum ersten Mal anerkennen, dass sie mit bestimmten Situationen, Personen oder Aufgaben tatsächlich Schwierigkeiten haben. Oder es kann in der Erkenntnis liegen, dass spezifische Anforderungen nicht den Stärken der Mentees entsprechen, so dass im Mentoring geklärt werden kann, was dies nun persönlich bedeutet. Welche anderen Stärken können dies möglicherweise kompensieren? Mit welchen Strategien und Ressourcen können die Ziele dennoch erreicht werden? Was würde es bedeuten, wenn diese Ziele nicht erreichbar sind für den Mentee?

Fehler, die Mentees ihren Mentorinnen oder Mentoren anvertrauen, sollten als Vertrauensbasis und Chance zur Verbesserung geschätzt werden. „Aus Fehlern wird man klug“, besagt schon ein altes Sprichwort und tatsächlich bergen Fehler wichtige Informationen, durch welche Mentees wertvolle Erfahrungen und ein Gefühl von Sicherheit gewinnen. Gerade daraus, dass die Generation Y tendenziell „überbeschützt“ sozialisiert worden ist und wenig Möglichkeiten gegeben waren, eigene und spürbare Fehler zu machen, resultiert, neben anderen Faktoren, ihr im Vergleich zu anderen Generationen starkes Bedürfnis nach Rückmeldung und hohes Maß an Entscheidungsunsicherheit (Parmenth 2013; Ruthus 2013). Hier gilt es für Mentorinnen und Mentoren, mit Feingefühl und Verständnis auf die gemachten Fehler zu sprechen zu kommen, ohne sie zu beschönigen und ohne sie zu dramatisieren. Im konstruktiven Feedback können Fehler klar als Chance zur Verbesserung und Wunsch der Mentorinnen und Mentoren nach Verhaltensänderung formuliert werden. Durch offene Fragen können Mentees angeregt werden, Verantwortung für ihr Verhalten zu übernehmen und Lösungsmöglichkeiten zu entwickeln, wie sie diesen Fehler in Zukunft vermeiden können.

6.3.3 Durch aktives Zuhören verstehen

Ein Großteil der kommunikativen Aktivitäten eines Mentors oder Mentorin im Gespräch besteht im aktiven Zuhören. Diese Rolle kann – gerade für Mentorinnen und Mentoren aus den höheren Führungsebenen – ungewohnt sein. Möglicherweise unterschätzen sie die psychologische Wirkung des aufmerksamen und interessierten Zuhörens, weil sie sich als „Ratgeber“ verstehen, die ihre Mentees aktiv unterstützen wollen. Gutes Zuhören bedeutet jedoch nicht, den Monologen der Mentees passiv zu lauschen, sondern innerlich aktiv beteiligt zuzuhören. Für konstruktives

Feedback und eine gute Beziehung zwischen Mentorinnen und Mentoren und ihren Mentees ist es unabdingbar, dass die Schilderungen der Mentees auf ‚offene Ohren treffen'. Mentorinnen und Mentoren sollten sich darin üben, interessiert und mit voller Aufmerksamkeit beim Gesagten zu verbleiben und nicht während des Zuhörens in ihrem inneren Monolog verstrickt zu bleiben („Oh, redet sie jetzt wieder darüber"/„Das ist ja alles schön und gut, aber …") oder gedanklich bereits an geeigneten Rückfragen oder Vorschlägen zu feilen. Aktives Zuhören bedeutet, sich mit ungeteilter Aufmerksamkeit und ehrlichem Interesse auf die Äußerungen der Mentees einzulassen, um ein umfassendes Verständnis auf der sachlichen und emotionalen Ebene zu gewinnen.

Auf der sprachlichen Ebene führt das aktive Zuhören häufig zum Umschreiben der Schilderungen des Mentees in eigenen Worten und gegebenenfalls auch mit der expliziten Formulierung der Stimmungen und Gefühle, welche der Mentor beim Zuhören wahrgenommen hat. Die Botschaften auf der emotionalen oder der Beziehungsebene sind häufig an nonverbalen Signalen wie Veränderung der Stimmlage und Tonhöhe, schnellerem oder verlangsamtem Sprechen oder der körperlichen Spannung (z. B. Haltung der Hände, Gesichtsröte) zu erkennen. Diskrepanzen zwischen der sprachlichen Schilderung der Mentees und ihren körpersprachlichen Botschaften geben wichtige Hinweise darauf, was Mentees wirklich bewegt oder verunsichert. Das Verbalisieren dieser emotionalen Botschaften sollte in Form von Ich-Aussagen geschehen, die direkt ansprechen, was der Mentor oder die Mentorin beobachtet, gehört oder gesehen hat und wie dies auf ihn wirkt. Psychologisierende Interpretationen („Zeigt sich da bei Ihnen ein Minderwertigkeitskomplex?") sollten tunlichst vermieden werden.

Sie haben mir beschrieben, dass … Ihre Stimme wurde dabei schneller und höher und ich habe den Eindruck, dass Sie angespannt werden, körperlich. Wie fühlen Sie sich, wenn Sie an diese Situation zurückdenken?
Sie wirken auf mich im Vergleich zu unserem letzten Treffen viel lebendiger und aktiver, wenn Sie von … erzählen. Ist es möglich, dass eine große Last von Ihnen gefallen ist dadurch, dass …?

6.3.4 Werkzeuge für das Entwickeln von Lösungen

Nachdem ein gemeinsames Verständnis geschaffen wurde, was den Mentee beschäftigt, und das aktive Zuhören auch emotional entlastet hat, sollte der Mentor oder die Mentorin in der zweiten Hälfte des Mentoring-Treffens den Gesprächsfokus vom Problem auf mögliche **Lösungsansätze** ausrichten. Von

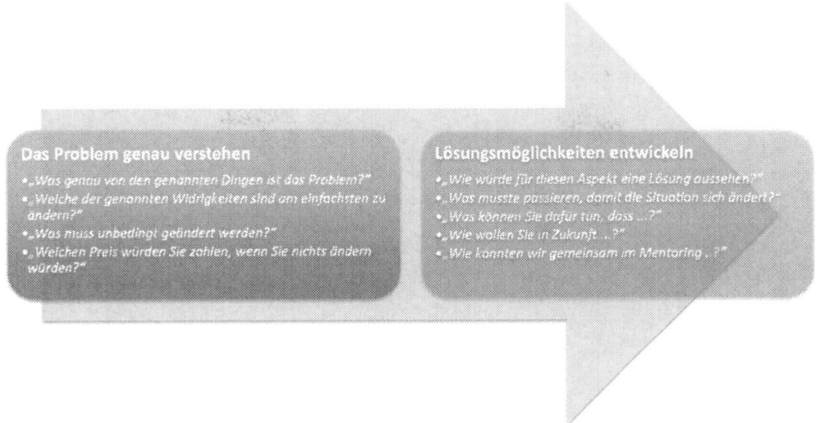

Abb. 6.9 Vom Problem zur Lösung. (Eigene Darstellung)

einfachen Ratschlägen („Machen Sie doch einfach mal …") ist abzuraten, da Mentorinnen und Mentoren bei aller Erfahrung und Einfühlung nicht abschätzen können, was für den Mentee der richtige Weg ist. Die Zielstellung von Mentoring besteht vielmehr darin, Mentees zu befähigen, selbst einen Lösungsvorschlag zu entwickeln und sich dafür zu entscheiden, diesen im Joballtag umzusetzen. Die erforderliche Lösungsorientierung im Gespräch können Mentoren mit gezielten Fragen anregen, welche durch ihre Formulierungen bereits die Lösbarkeit der geschilderten Herausforderung voraussetzen und so den Mentee ermuntern, sich gedanklich auf Veränderungen auszurichten anstatt weiterhin um das Problem zu kreisen (vgl. Abb. 6.9).

Neben diesen Gesprächstechniken können Mentorinnen und Mentoren Modelle und Techniken einsetzen, die das Mentoring inhaltlich unterstützen. Je nachdem, wodurch sich Mentoren sicherer im Kontakt mit dem Mentee fühlen, können sie diese Werkzeuge locker in das Gespräch einbringen, auf einem Flipchart visualisieren oder in Form von Arbeitsblättern an den Mentee weitergeben.

Mentoren sind bei der Entwicklung von Lösungen lediglich für den flüssigen Prozess der Ideenentwicklung und Prüfung unterschiedlicher Optionen verantwortlich, nicht dafür, dass Mentees zu einer guten und tragfähigen Lösung kommen. Auch wenn diese Rollenverteilung vorab klar angesprochen wurde, kann es zu Gesprächssituationen kommen, in denen Mentees direkt fragen, was sie nun „machen sollen". Auch wenn sich erfahrene Mentorinnen und Mentoren dadurch in ihrer Expertise geschmeichelt fühlen, sollten sie zunächst durch geeignete Fragen versuchen, die Mentees stärker zur Verantwortungsübernahme zu bewegen:

Was möchten Sie tun, um zu ...?
Was schlagen Sie vor ...?
Welchen Beitrag können Sie leisten, um zu ...?
Wie könnte es Ihrer Meinung nach gelingen, ...?

Nur wenn diese Versuche fehlschlagen und zu keinen Lösungsideen oder -impulsen führen und die Mentorinnen und Mentoren über ausreichend Erfahrung für die genannte Problemsituation und -konstellation verfügen, könnten sie eigene Impulse zur Veränderung in das Gespräch einfließen lassen. Diese sollten jedoch nicht als gut gemeinte Ratschläge à la „Machen Sie doch einfach mal ..." erfolgen, sondern als vorsichtig formulierte Lösungsoptionen angeboten werden („Was würde Ihrer Meinung nach passieren, wenn Sie ...?").

6.3.5 Ein stimmiges Selbstkonzept fördern

Das Arbeiten mit dem Johari-Fenster (siehe Abb. 2.6 im Kap. 2) ist grundsätzlich dazu geeignet, Facetten des Selbstbildes und der Außenwirkung der Mentees zu beleuchten. In diesem Modell sind vier unterschiedliche „Fenster" abgetragen, welche Teile der Persönlichkeit, des Auftretens und Verhaltens darstellen, die einem selbst und anderen entweder bekannt oder unbekannt sind.

Facetten des Selbstbildes und der Außenwirkung

- Die Aspekte der **öffentlichen Person** sind einem selbst und anderen bekannt. In diesem Bereich befinden sich diejenigen Anteile der Persönlichkeit und des Verhaltens, die nach außen hin sichtbar sind und die man anderen bewusst präsentieren möchte. Für Mentees kann es gerade zu Beginn einer neuen beruflichen Rolle oder Position sehr hilfreich sein, im Gespräch mit dem Mentor oder der Mentorin zu reflektieren, welches Profil die öffentliche Person aktuell innehat oder innehaben soll. Durch den Abgleich der eigenen Perspektive (Selbstwahrnehmung) mit dem Bild, das Mentoren von Mentees gewonnen haben (Fremdwahrnehmung), können wichtige Hinweise darauf gewonnen werden, wo möglicherweise Diskrepanzen zwischen der vermuteten und der tatsächlichen Außenwirkung bestehen. So mögen Mentees den Eindruck haben, auf ihre Kollegen und Vorgesetzten „furchtbar nervös“ zu wirken, da sie selbst feuchte Hände und Herzklopfen verspüren und deswegen zurückhaltend agieren, wohingegen diese Signale für andere im Kontakt kaum wahrnehmbar sind und die Mentees eher ruhig und sicher erscheinen. Umgekehrt können Mentees von sich den Eindruck haben, sicher und selbstbewusst herüberzukommen, während sie durch ihre forschen Bemerkungen auf ihr Umfeld eher arrogant erscheinen.

- Der **blinde Fleck** kann für Mentees, die in ihrer beruflichen Laufbahn noch wenig Rückmeldung zu ihrer Persönlichkeit und ihrer Außenwirkung bekommen haben, besonders aufschlussreich sein. Damit sind alle Eigenschaften und Verhaltensweisen gemeint, welche andere an den Mentees wahrnehmen können, ohne dass diese sich ihrer bewusst sind. Dies können sprachliche Gewohnheiten wie die häufige Verwendung von bestimmten Floskeln (z. B. ähm, okay, vielleicht) oder typische Gesten sein, aber auch umfassendere Gewohnheiten wie beispielsweise die Tendenz, auf die Vorschläge anderer Personen immer zuerst mit einer kritischen Bemerkung zu reagieren. Durch das Feedback von Mentorinnen und Mentoren können hier wertvolle Aha-Momente entstehen und die Mentees einen besseren Einblick darin gewinnen, wie sie auf andere wirken und welche Verhaltensweisen zu dem Gesamteindruck ihrer Wirkung auf andere Menschen im beruflichen Umfeld beitragen. Dies kann zu einem höheren Maß an Verständnis für positives, aber auch kritisches Feedback beitragen. Darüber hinaus können Mentees erkennen, welche Verhaltensweisen sie ändern können, um auf andere Menschen eine andere Wirkung auszuüben, als sie es aktuell tun. Das Gespräch über den blinden Fleck hat also zur Folge, dass sich dieser Bereich des Johari-Fensters verkleinert und sich Mentees durch die Rückmeldung der Mentoren ihrer selbst stärker bewusst werden.
- Der Bereich des **Geheimnisses** umfasst all diejenigen Aspekte, die den Mentees bekannt sind, sie aber nicht nach außen preisgeben wollen. Dies können Dinge aus dem Privatleben der Mentees sein, die für die berufliche Rolle irrelevant sind und deswegen im Mentoring nicht thematisiert werden sollten, sondern im Bereich der Privatsphäre verbleiben sollten. Es kann für sehr zurückhaltende und verschlossene Mentees aber auch ein Entwicklungsziel darstellen, das (Mit-)Teilen persönlicher Gedanken und Erlebnisse im richtigen Maße auch in den zwischenmenschlichen Austausch am Arbeitsplatz einzubringen. Nur so können sich unterstützende und vertrauensvolle Beziehungen zu Kolleginnen

und Kollegen aufbauen. Zudem verringert sich mit einem kleineren Bereich der Geheimnisse die Mühe, die für die Geheimhaltung betrieben werden musste, und es wachsen die Freiheit und der Handlungsspielraum in der Öffentlichkeit.

- Der Bereich des **Unbekannten** ist weder den Mentees noch den Mentoren bewusst und kann deswegen nicht in die Gespräche und die Reflexion im Mentoring eingehen. Gleichwohl kann es für das Mentoring hilfreich sein, dass sich beide Seiten dessen gewahr werden, dass ein nicht unerheblicher Teil von Persönlichkeit und Verhalten automatisch und unbewusst erfolgt und Schlussfolgerungen über die eigene und andere Personen deswegen oft einen vorschnellen Charakter aufweisen.

Das **„Drei-Welten-Modell"** vom systemischen Berater, Coach und Organisationsentwickler Bernd Schmid (vgl. Abb. 6.10) kann als Modell immer dann gute Dienste leisten, wenn der Mentee Spannungen, Unsicherheiten oder Enttäuschungen mit seiner noch ungewohnten Rolle im Unternehmen erlebt (Schmid 2001). Die Stärke dieses Modells besteht darin, auf (tiefen)psychologische Inhalte und Konzepte gänzlich zu verzichten, so dass auch psychologisch wenig sattelfeste Mentorinnen und Mentoren gut mit ihm arbeiten können.

Wie der Mentee sich im Unternehmen verhält, sich selbst und andere erlebt, wird von drei unterschiedlichen „Rollenbündeln" bestimmt.

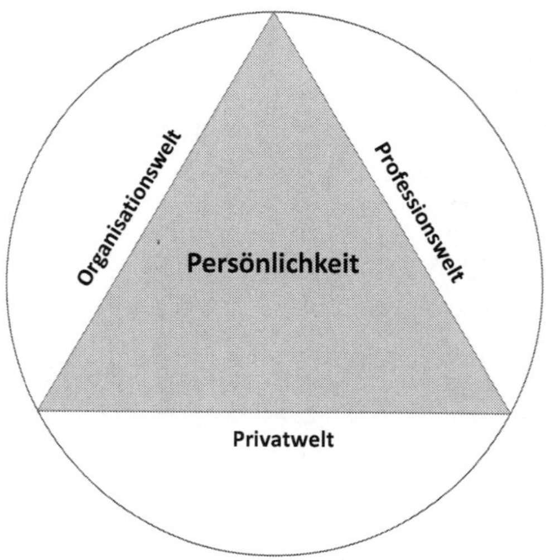

Abb. 6.10 Drei-Welten-Modell von Bernd Schmid. (Eigene Darstellung in Anlehnung an Schmid 2001)

Drei unterschiedliche „Rollenbündel" des Mentee

- Die Rollen der **Professionswelt** umfassen Erwartungen und Verhaltensstandards, die sich aus der professionellen Qualifikation, dem Verhaltenskodex des entsprechenden Berufsbildes und dem beruflichen Selbstverständnis ableiten. Als Feuerwehr möchte man Menschen in Notsituationen möglichst effektiv retten oder bergen. Ärztinnen, Ärzte und Pfleger fühlen sich der Erhaltung von Gesundheit und Lebensfähigkeit ihrer Patienten verpflichtet. Ökonomen widmen sich der Kenntnis, Kontrolle und Steuerung wirtschaftlicher Prozesse, um Institutionen und Unternehmen handlungsfähig und profitabel zu machen. Und Designer oder Architekten sehen sich der effektiven und ästhetischen Gestaltung von Objekten und Gebäuden mit bestimmten Funktionalitäten verpflichtet. Im Gespräch mit Mentees können hier Aspekte der professionellen Identität der Mentees angesprochen werden, die aus den impliziten Werten und Normen der jeweiligen fachlichen Disziplin stammen und nicht in allen Bereichen mit den formellen und informellen Werten des Unternehmens übereinstimmen müssen. Gerade beim Einstieg in den ersten Job ist es ein wichtiger Entwicklungsschritt, zu erkennen, welche Erwartungen das berufliche Umfeld an die Mentees hat, wie diese sich mit dem professionellen Selbstverständnis decken und wo möglicherweise Spannungen und Diskrepanzen bestehen. Da die Erwartungen, die mit einer beruflichen Rolle einhergehen, zu einem großen Teil informeller Natur sind und im beruflichen Alltag höchstens „zwischen den Zeilen" vermittelt werden, können im offenen Austausch mit dem erfahrenen Mentor wichtige „Aha-Momente" entstehen.
- Die Rollen der **Organisationswelt** beinhalten ausgesprochene und unausgesprochene Regeln und Standards, welche sich in dem Unternehmen entwickelt und etabliert haben. Diese kulturellen Aspekte bestimmen, wie Mitarbeiter miteinander umgehen (z. B. Siezen oder Duzen) und wie sie im Unternehmen mit Leistung, Macht, Kooperation, Nähe und Distanz oder auch mit Fehlern umgehen und wie Tradition und Innovation gelebt werden. Neben den Werten und Erwartungen, die in offiziellen Leitbildern oder der Unternehmensmission zu finden sind, sind es häufig gerade die „ungeschriebenen Gesetze", mit denen unerfahrene High Potentials ihre Schwierigkeiten haben oder gegen die sie bewusst oder unabsichtlich verstoßen. Auch die Sensibilität dafür, welche Personen über ein hohes Maß an Macht und Einfluss verfügen und wer, unabhängig von der Rolle im Organigramm, „wenig zu melden"

hat, kann einen wichtigen Entwicklungsbereich für hierarchisch unerfahrene Talente darstellen, zumindest wenn sie in hierarchisch geprägten Unternehmen arbeiten. Hier können Spannungen und Konflikte entstehen, wenn beispielsweise ambitionierte Assistenzärte und -ärztinnen sich bei der Visite für ihre Patienten einsetzten (Professionsrolle), aber dadurch Gefahr läuft, die Autorität der begleitenden Oberärzte zu untergraben (Organisationswelt). Oder die zukunftsorientierte, junge Architektin entwickelt ein neues Fertigungsverfahren, welches die Gebäudenutzung bedeutsam verbessert (Professionsrolle), ihrem Unternehmen aber geringeren Gewinn einbringt (Organisationswelt).

- Die Rollen der **Privatwelt** konstituieren sich aus den persönlichen Werten und Präferenzen sowie den privaten Zielen und Interessen der Mentees. Auch hier können sich Reibungsflächen zwischen privaten Rollen und den Erwartungen aus der Professions- und Organisationswelt ergeben. So mag eine Mentee zwar Karriereambitionen hegen (Professionswelt), aber nicht bereit sein, dass ihre privaten Projekte durch intensive Reisetätigkeiten oder regelmäßige Überstunden stark leiden (Privatwelt). Oder der Mentee soll Verantwortung für wichtige neue Kunden übernehmen (Organisationswelt), zu dem er oder sie aber aufgrund differierender Werte oder Persönlichkeiten keinen „Draht entwickeln“ kann (Privatwelt).

Im Austausch mit den Mentees kann das Drei-Welten-Modell Mentoren eine hilfreiche Struktur an die Hand geben, um die unausgesprochenen und wenig bewussten Erwartungen der Mentees an die Organisation und umgekehrt der Organisation an den oder die Mentee sichtbar zu machen. Mentees wird deutlich, dass ihre individuelle Persönlichkeit in einem gewissen Spannungsverhältnis von Erwartungen steht. Nicht immer lassen sich einfach und automatisch die Erwartungen, Verpflichtungen, Werte und Interessen dieser unterschiedlichen Welten unter einen Hut bringen. Das Modell macht dies klar, insbesondere wenn es Mentees als ausgedruckte Grafik oder Visualisierung auf einem Flipchart die unterschiedlichen Facetten ihrer Lebenswelt wortwörtlich vor Augen führt. Im weiteren Gespräch können die Konsequenzen der dargestellten Übereinstimmungen und Diskrepanzen der professionellen, organisationalen und privaten Welt überdacht werden: Wie erlebt der Mentee dies im beruflichen Alltag? Wie geht er mit den Rollenerwartungen um? Zu welchen Zugeständnissen ist er oder sie bereit und wo bestehen Grenzen?

Zum anderen kann dieses Modell auch eingesetzt werden, um die Ursachen für bestimmte Herausforderungen und Probleme von Mentees näher zu beleuchten. Zeigt sich beispielsweise, dass die Arbeitsmotivation junger Talente sinkt, kann im Mentoring thematisiert werden, ob dies stärker mit Fehlentwicklungen auf dem beruflichen Weg, mit zu wenig einsetzbaren professionellen Kompetenzen, mit Unstimmigkeiten in spezifischen Funktionen der Organisation oder mit Belastungen im Privatleben zu tun hat. Nur wenn das komplexe Zusammenspiel dieser Zusammenhänge verstanden und beachtet wird, ist erfahrungsgemäß die Lösung von tief greifenden Problemen möglich. Im Mentoring junger Talente kann das Modell auch dazu eingesetzt werden, die Passung zwischen der professionellen, organisationalen und privaten Welt zu optimieren, um dem starken Wunsch der Generation Y nach Work-Life-Balance (siehe Abschn. 5.1) – so weit es im Rahmen der Organisationswelt möglich ist – nachzukommen.

6.3.6 Organisationale Beziehungen verdeutlichen

Um das Beziehungsgeflecht für eine bestimmte Fragestellung oder berufliche Konstellation besser zu durchschauen, können Mentorinnen und Mentoren ihre Mentees bitten, ein **Soziogramm** (vgl. Abb. 6.11) des relevanten Unternehmensbereiches oder der „kritischen" Personengruppe zu erstellen. Im Gegensatz zum formellen Organigramm bildet das Soziogramm die sozialen Beziehungen so ab, wie der Mentee sie erlebt (Moreno 1967).

Dabei notiert der Mentee auf einem Papier oder Flipchart alle für das Thema relevanten Personen im Unternehmen, unabhängig von ihrer offiziellen Position und Rolle. Mentorinnen und Mentoren können dies durch begleitende Fragen wie „Wer ist alles daran beteiligt?" oder „Wer spielt für dieses Thema noch eine Rolle?" unterstützen. Dann kennzeichnet der Mentee die Qualität der Beziehung durch entsprechende Symbole und Zeichen. Im Anschluss werfen Mentorinnen, Mentoren und ihre Mentees gemeinsam einen Blick auf die Visualisierung und formulieren, was ihnen auffällt und welche Ideen, Eigenschaften und Fantasien sie damit verbinden. Mentorin oder Mentor und Mentee sollten diese wiederum als Ich-Aussagen verfassen und die Ebene der Beobachtung und Bewertung voneinander zu trennen versuchen („Mir fällt auf, dass nur wenig Pfeile von Ihnen zu anderen Personen in diesem kleinen Netzwerk führen. Ich frage mich, ob Sie noch recht wenig Kontakt zu den Beteiligten aufbauen konnten und es deswegen schwierig für Sie ist, sich in der Situation zurechtzufinden."/„David und Susanne sind durch positive Pfeile wechselseitig miteinander verbunden. Da schießt mir die Frage in den Kopf, ob die beiden schon in einer anderen Abteilung früher zusammengearbeitet haben.").

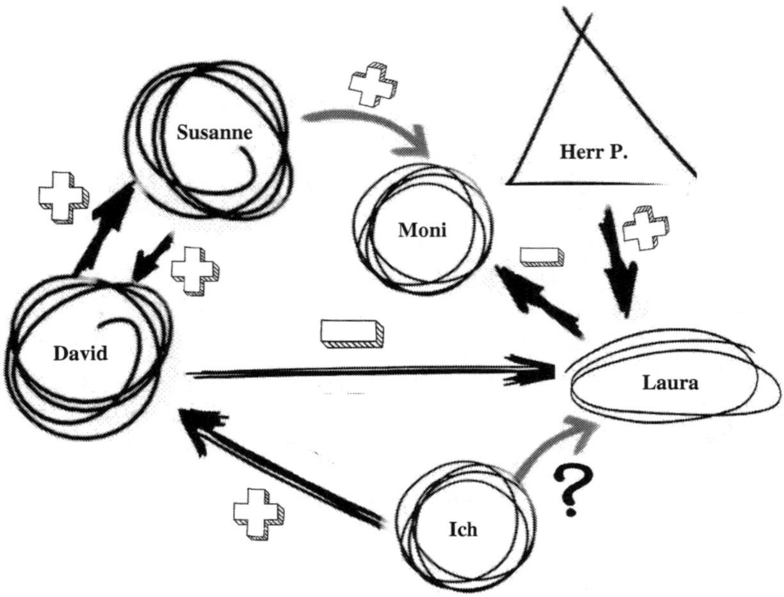

Abb. 6.11 Beispiel eines Soziogramms. (Eigene Darstellung)

Die Qualität der Zeichnung (schwungvoll, zaghaft, Größe von Symbolen) kann wertvolle Hinweise auf zugrunde liegende Emotionen geben, muss es aber nicht. Deswegen sollten sich Mentorinnen und Mentoren vor der psychologischen Überinterpretation des Soziogramms hüten und sich inhaltlich in ihrer Reflexion vor allem darauf beziehen, was ihr Mentee ihnen angeregt durch die Zeichnung über das Thema vertiefend erläutert.

6.3.7 Handlungswirksame Ziele definieren

Gute berufliche Karrieremöglichkeiten stellen für die Talente der Generation Y ein wichtiges Thema und eine essenzielle Erwartung an ihren Arbeitgeber dar (siehe Kap. 5). In einem ersten Schritt sollten dazu relevante Ziele formuliert werden, die durch ihren positiven und realistischen Charakter die Motivation zu ihrer Umsetzung fördern statt blockieren. Erfolg hängt zu einem großen Teil vom Stecken der richtigen Ziele ab, da diese einerseits die notwendige Motivation

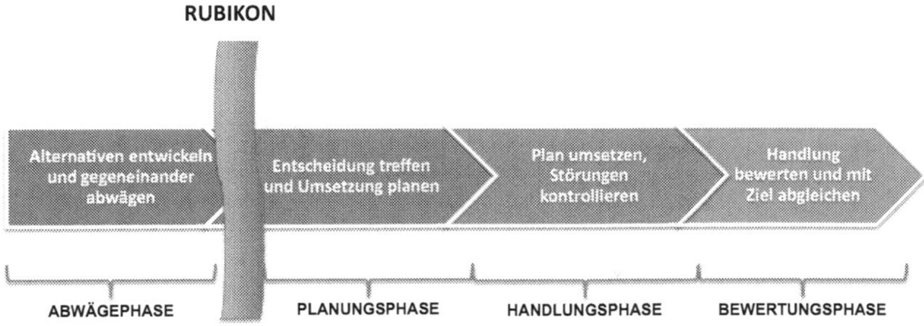

Abb. 6.12 Das Rubikon-Modell der Motivation nach Heckhausen und Gollwitzer (1987). (Quelle: eigene Darstellung)

zur Zielerreichung freisetzen und andererseits Anstrengungen und Kompetenzen zielführend bündeln. Das Rubikon-Modell der Handlungsphasen der Motivationspsychologen Heckhausen und Gollwitzer (1987) untergliedert den Prozess vom Entstehen eines Wunsches bis hin zur Zielerreichung in vier Phasen (vgl. Abb. 6.12).

Die vier Handlungsphasen des Rubikon-Modells nach Heckhausen und Gollwitzer

- In der **Abwägephase** bilden Mentees eine Intention oder Absicht, indem sie unterschiedliche Handlungsoptionen und Zielstellungen miteinander vergleichen. Da Mentees meist unterschiedliche Ziele und Wünsche haben, die nicht immer miteinander zu vereinen sind, gilt es in dieser Phase zunächst, die Möglichkeiten auf eine begrenzte Anzahl einzuschränken, die in der spezifischen Situation relevant sind. Mentees sind im Gespräch mit dem Mentor in dieser Phase vor allem daran interessiert, alle wichtigen Informationen zu den unterschiedlichen Optionen und Alternativen zu sammeln. Welche Möglichkeiten habe ich? Mit welchen Vor- und Nachteilen gehen die verschiedenen Möglichkeiten einher? Welche Option wäre für mich am interessantesten und attraktivsten? Was könnte ich noch als Alternative in Erwägung ziehen? Was möchte ich erreichen?
- Hat sich ein Mentee für ein konkretes Ziel entschieden, drehen sich die Gedanken in der **Planungsphase** darum, wie das gesetzte Ziel erreicht werden kann. Die Entscheidung ist getroffen und die gemeinsame

Reflexion im Mentoring richtet sich auf Aspekte der Umsetzung aus. Was muss ich alles tun, um das Ziel zu erreichen? Welche Zwischenziele kann ich formulieren? Auf welchen Wegen kann ich diese angehen? Welcher Weg ist am erfolgversprechendsten? Was ist der erste Schritt?

- In der **Handlungsphase** ist die Aufmerksamkeit auf die Umsetzung zielführender Verhaltensweisen ausgerichtet. Auch dies kann im Mentoring reflektiert werden: Wann soll ich welche Dinge tun? Wen soll ich wann informieren oder „mit ins Boot holen"? Wie kann ich bestimmte Zwischenziele am besten erreichen? Welche Ressourcen stehen mir zur Verfügung? Was bräuchte ich an Unterstützung dafür? Erfahrene Mentoren können zum einen eine Realitätsprüfung der gesteckten Ziele anregen, um ihre Mentees vor überambitionierten oder unrealistischen Zielen zu schützen. Zudem können im gemeinsamen Austausch auch mögliche Hindernisse (innere und äußere) angesprochen werden und darüber nachgedacht werden, wie Mentees mit diesen Hindernissen umgehen können. Bei unsicheren Mentees, die sich aus Angst vor Misserfolg von anspruchsvollen Zielen abschrecken lassen, sollten Mentoren auf die Fähigkeiten und bisherigen Erfolge der Mentees verweisen, um das Zutrauen in die eigenen Kompetenzen zu stärken. Bei sehr selbstbewussten Talenten kann es notwendig sein, darauf hinzuweisen, dass möglicherweise nicht alles glattläuft und Mentees auch mit Schwierigkeiten und Verzögerungen rechnen müssen. Denn mit Unternehmenspolitik unerfahrene Mentees gehen sonst möglicherweise davon aus, dass sie alles, was sie machen wollen, auch erfolgreich umsetzen können, und sind enttäuscht, wenn Mikropolitik und Hierarchien ihnen einen Strich durch die Rechnung machen. Mentorinnen und Mentoren können wertvolle Tipps geben, auf welchen formellen oder auch informellen Wegen Mentees ihre Vorhaben angehen können. Und nicht selten können sie wichtige Türen in ihrem organisationalen und beruflichen Netzwerk für ihre Mentees öffnen, indem sie sie beispielsweise zu Veranstaltungen mitnehmen und dort wichtigen Personen persönlich vorstellen.
- In der **Bewertungsphase** wird überprüft, inwieweit das gesetzte Ziel erreicht wurde, welche Feinanpassungen eventuell noch nötig sind und welche Konsequenzen die (Nicht-)Erreichung des Ziels für den oder die Mentee hat. Im Mentoring kann dieser Prozess aktiv unterstützt werden, indem ein strukturierter Ist-Soll-Vergleich stattfindet: Was habe ich erreicht? Inwieweit deckt sich dies mit meinem Ziel? Wo habe

ich mehr erreicht, als ich wollte? Was habe ich nicht erreichen können? Für die weitere Entwicklung der Mentees kann es sehr hilfreich sein, sich die Ursachen für das Erreichen und Nichterreichen bewusst zu machen, um Lerneffekte zu bewirken und zukünftig anders zu planen. Welche Anteile am Erfolg kann ich mir auf meine eigenen Fahnen schreiben? Was habe ich (allein) durch meine Kompetenzen und Handlungen erreicht? Welchen Anteil haben andere Personen oder Kräfte? Wo habe ich Glück gehabt? Was hätte ich anders machen können, um das Nichterreichen von (Teil-)Zielen zu verhindern? Wo hätte ich zielführender agieren können? Welche Widrigkeiten von außen habe ich fälschlicherweise unterschätzt? Wo habe ich einfach Pech gehabt? Die Zuschreibung von inneren und beeinflussbaren Ursachen sowie äußeren und unkontrollierbaren Faktoren hat einen wichtigen Einfluss darauf, wie optimistisch oder pessimistisch das Selbstkonzept der Mentees sich entwickelt und welche Ansprüche sie sich zukünftig setzen werden. Entsprechend bedeutsam ist es deswegen für das Mentoring, durch die gemeinsame Reflexion selbstwertfördernde Erklärungsmuster von positiven und negativen Ergebnissen zu entwickeln und zu unterstützen. Dies heißt eben nicht, sich einseitig alle Erfolge auf die eigenen Fahnen zu schreiben und bei Misserfolgen andere(s) dafür verantwortlich zu machen. Aber es bedeutet schon, wohlwollend und im angemessenen Maße auch solche Faktoren für das Scheitern von (Teil-)Zielen heranzuziehen, die außerhalb des Einfluss- und Kontrollbereichs der Mentees liegen.

Die richtigen Ziele setzen im Laufe dieses Motivationsprozesses die nötigen Energien und mentalen Anstrengungen frei, die für die Umsetzung der gebildeten Intentionen erforderlich sind. Spezifische und anspruchsvolle Ziele motivieren Menschen stärker dazu, ihre Kompetenzen gezielt einzusetzen, stärkere Anstrengungen zu unternehmen und dadurch ihr Leistungspotenzial besser „abrufen" zu können, als mittlere und leicht zu erreichende Ziele. Zum anderen führen spezifische Ziele zu besseren Leistungen als allgemeine Ziele wie ein vages „Geben Sie beim nächsten Mal Ihr Bestes!". Diese beiden Annahmen der Zielsetzungstheorie von Latham und Locke wurden in über tausend empirischen Studien bestätigt und gelten damit als einer der am besten gesicherten Befunde innerhalb der Arbeits- und Organisationspsychologie (Latham und Locke 2013). Die Auswahl eines hohen, aber dennoch erreichbaren Anspruchsniveaus und das Formulieren einer spezifischen Zielstellung sind zentrale Weichen für gute Leistungen. In der Unternehmenspraxis hat sich daraus die sogenannte SMART-Formel für das Formulieren konkreter und wirkungsvoller Ziele entwickelt, welche auch Mentees Orientierung für ihre persönliche Zielsetzung geben kann.

Smarte Ziele sind …

- ***S*pezifisch:** Ein Ziel beschreibt einen konkreten Ist-Zustand, der erreicht werden soll. Beispiel: Ihr Mentee Herr Koch möchte seinen Umsatz mit dem Kunden „Unternehmensgruppe Mayer" steigern.
- ***M*essbar:** Das Maß, in dem ein Ziel erreicht worden ist, kann konkret gemessen werden. Beispiel: Die Umsatzsteigerung soll 10 % im Vergleich zum Umsatz des Vorjahres betragen.
- ***A*nspruchsvoll:** Das Ziel soll sich im oberen Viertel der Ziele befinden, die bei den gegebenen Fähigkeiten, Kenntnissen und Ressourcen erreichbar sind. Beispiel: Die Umsatzsteigerung von 10 % muss unter den gegebenen Umständen mit entsprechender Anstrengung möglich sein. Hat die Unternehmensgruppe Mayer gerade einen Rahmenvertrag mit einem Konkurrenten von Herrn Koch abgeschlossen, scheint dies beispielsweise bei allem Bemühen von Herrn Koch nicht machbar.
- ***R*elevant:** Das Ziel soll für die Interessen, Werte und übergeordneten Ziele bedeutsam sein. Beispiel: Die Umsatzsteigerung ist relevant, wenn Herr Koch ein leistungsmotivierter und ehrgeiziger Mitarbeiter ist, dem Sales-Aktivitäten Spaß bereiten und der in seinem Unternehmen aufsteigen möchte. Ist Herr Koch gerade zum ersten Mal Vater geworden und möchte er im nächsten Jahr auch seiner Rolle als junger Vater gerecht werden, stellt die Umsatzsteigerung ein Ziel des Unternehmens dar, weniger aber ein Ziel von Herrn Koch.
- ***T*erminiert:** Jedes Ziel sollte einen zeitlichen Bezugsrahmen umfassen, innerhalb dessen der gewünschte Soll-Zustand zu erreichen ist. Beispiel: Die Umsatzsteigerung von 10 % mit der Unternehmensgruppe Mayer soll Herr Koch im Geschäftsjahr 2017 erzielen.

Aus psychologischer Sicht ist besonders bedeutsam, dass Ziele einen positiven Charakter aufweisen und ansprechend formuliert sind. Nackte Fakten und Zahlen haben selten einen auch emotional motivierenden Charakter. Statt der 10 % Umsatzsteigerung hätte das Ziel „Ich möchte der Geschäftspartner werden, an den die Unternehmensgruppe Mayer sich als Erstes bei großvolumigen und anspruchsvollen Aufträgen richtet“ auf den ehrgeizigen Mentee Herrn Koch wahrscheinlich schon eher eine motivierende Wirkung.

Ist ein smart formuliertes und anspruchsvolles Ziel für die berufliche Entwicklung eines Mentee entwickelt worden, kann im Mentoring im nächsten Schritt daran gearbeitet werden, mit welchen Handlungsschritten der Mentee es erreichen kann. Die Planungsphase können Mentorinnen und Mentoren mithilfe der **Timeline** unterstützen, bei der Mentees die Umsetzung ihrer Ziele in eine anschauliche und erlebbare zeitliche Reihenfolge bringen. Mentoren ermuntern dabei Mentees, sich den zeitlichen Prozess vom aktuellen Mentoring-Treffen bis zum Erreichen des konkreten Ziels wie eine Linie vorzustellen. Die Linie kann auch als Perlenkette, Weg mit Aufs und Abs oder anderen Bildern beschrieben werden. Der Einsatz visueller Metaphern macht den Prozess der Zielerreichung greifbarer und motivierender. Zudem werden die erforderlichen Zwischenziele und -schritte klarer. Mentees sehen sich sich einer Linie gegenüber, die von der aktuellen Situation bis zum ersehnten Ziel führt. Dies können Mentees auf einem Flipchart aufzeichnen oder als Seil oder Schnur vor sich auf den Boden legen. Dann regen Mentoren ihre Mentees durch Fragen systematisch dazu an, über ihre Ziele und die Schritte auf dem Weg dorthin nachzudenken.

Fragen von Mentorinnen und Mentoren zu den Zielen ihrer Mentees und den Schritten dorthin

- **Fragen zur aktuellen Situation:**
  - Was haben Sie bis heute schon alles erreicht? Worauf sind Sie besonders stolz?
  - Ohne welche Aktivitäten/Anstrengungen wären Sie heute nicht an diesem Punkt? Wie haben Sie sich dabei/dazu motiviert?
  - Wovon wollen Sie sich verabschieden/was wollen Sie hinter sich lassen?
  - Was soll so bleiben, wie es ist? Was möchten Sie in die Zukunft mitnehmen?
- **Fragen zum beruflichen Ziel:**
  - Wo soll Ihre Reise hingehen? Welche(s) berufliche(n) Ziel(e) wollen Sie erreichen?
  - Wenn wir uns in drei/fünf Jahren wiedertreffen, wo stehen Sie da?
  - Was genau ist Ihr Ziel? Woran könnte ich/könnten andere erkennen, ob Sie Ihr Ziel erreicht haben?

  - Bis wann wollen Sie dieses Ziel erreichen? Was wäre, wenn es länger dauern würde? Bis wann würden Sie warten/daran arbeiten, dieses Ziel zu erreichen? Wann würden Sie sich davon verabschieden?
  - Für wie realistisch würde Ihr Vorgesetzter/würden Ihre Kollegen es halten, wenn ich sie fragen würde, ob Sie dieses Ziel in diesem Zeitraum erreichen werden?
  - Wie realistisch ist das Ziel für Sie? Was für Fallstricke könnten es Ihnen schwer machen?
- **Fragen zum Prozess der Zielerreichung:**
  - Was benötigen Sie/brauchen Sie alles, um dieses Ziel zu erreichen?
  - Was davon haben Sie bereits? Wie können Sie es am besten einsetzen?
  - Was fehlt Ihnen dazu? Wie/von wem können Sie dies bekommen?
  - Was wären die erforderlichen Schritte auf dem Weg ins Ziel?
  - Was wäre der erste Schritt? Wann wollen Sie diesen gehen?
  - Was brauchen Sie dafür? Was können wir im Mentoring dafür tun?

Ziele werden eher erreicht, wenn sie den persönlichen Wertvorstellungen entsprechen und den jungen Talenten erlauben, ihre Bedürfnisse nach Weiterentwicklung, Selbstbestimmung und Beteiligung an der Gestaltung einer sinnvollen Zukunft auszuleben. Deswegen sollte bei der Reflexion der beruflichen Ziele auch die Ebene der individuellen Werthaltungen nicht vernachlässigt werden.

Zeichnen sich Diskrepanzen zwischen den Werten der Mentees und ihren beruflichen Optionen im Unternehmen ab oder ist die Passung der Werte der Mentees mit den Unternehmenswerten ein Thema im Talent Mentoring, bietet sich das Tool des **Werte-Entwicklungsquadrats** (vgl. Abb. 6.13) an. Da es nicht selbsterklärend ist, sollte es eher den Dialog zwischen Mentorinnen und Mentoren und ihren Mentees ergänzen als in Form einer „Hausaufgabe" eingesetzt zu werden.

Im Quadrat werden in der oberen Zeile zwei Werte oder Tugenden vermerkt, die sich inhaltlich gegenseitig ergänzen. So steht im Beispiel in Abb. 6.13 die Großzügigkeit als Schwestertugend der Sparsamkeit gegenüber, Pünktlichkeit wäre die Schwestertugend von zeitlicher Flexibilität (und umgekehrt), Geduld die Schwestertugend von Aktionsdrang und so weiter. Die Formulierung sollte genau sein und der Sprache der Mentees entsprechen, damit die Arbeit mit diesem Modell eine innere Resonanz bewirkt und nicht eine intellektuelle Übung bleibt. Im zweiten Schritt notieren Mentees für jeden der gefundenen Werte eine

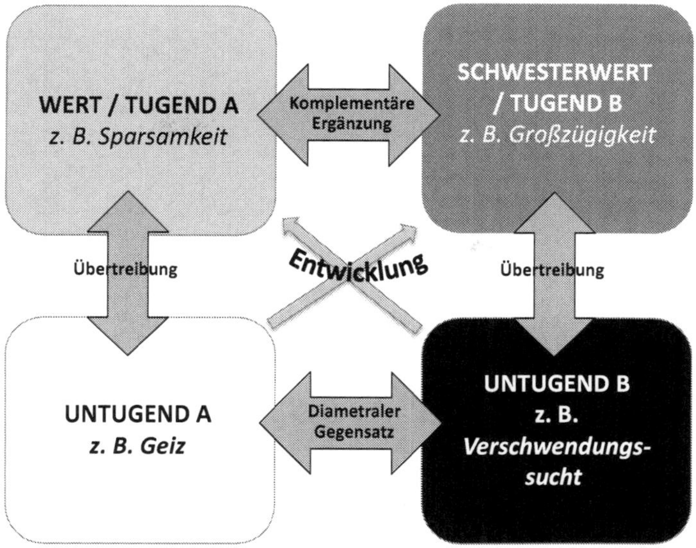

Abb. 6.13 Das Werte-Entwicklungsquadrat nach Schulz von Thun. (Quelle: eigene Darstellung in Anlehnung an Schulz von Thun (2013))

Übertreibung. Zu viel der Großzügigkeit führt zur Verschwendungssucht und übermäßige Sparsamkeit bedeutet Geiz. Übertriebene Pünktlichkeit würde Rigidität darstellen, während zu starke zeitliche Flexibilität für den Mentee Unzuverlässigkeit bedeuten könnte. Die Übertreibung von Geduld käme Trägheit gleich. Zu starken Aktionsdrang könnte man mit Hyperaktivität, Ruhelosigkeit oder Hektik bezeichnen. Das Werte-Entwicklungsquadrat ist dann stimmig, wenn die beiden „Untugenden" diametrale Gegensätze bilden, also miteinander noch in Beziehung stehen und die Extrempole der Tugenden auf den Punkt bringen.

Häufig erbringt schon das gemeinsame Nachdenken über geeignete Formulierungen für Mentees ein Aha-Erlebnis, da sich unterschiedliche Bewertungen und Bedeutungen herauskristallisieren können. Oder es wird durch das Gespräch deutlicher, wo die Werte der Mentees vermeintlich oder tatsächlich von den Werten der Kollegen, Vorgesetzten oder der Geschäftsführung abweichen. Mögliche Entwicklungsrichtungen für den Mentee sind im Zentrum des Werte-Entwicklungsquadrats verzeichnet. Für einen Menschen, der zum Geiz tendiert, stellt es zunächst kein realistisches Ziel dar, sich zukünftig großzügig zu verhalten. Motivierender ist es, sparsam handeln zu wollen und an der richtigen Stelle mehr zu investieren, als es dem natürlichen Impuls entspricht. Mentees mit Schwierigkeiten, zeitliche Absprachen einzuhalten, werden es nur schwerlich schaffen, sich von heute auf morgen zu stets pünktlichen Kollegen zu entwickeln. Der nächste sinnvolle Entwicklungsschritt besteht vielmehr darin, in einem sozial verträglichen Maß zeitlich flexibel zu sein und zumindest wichtige und dringende Termine zuverlässig einzuhalten. Gelingt ihnen dies in mehr und mehr Situationen, lernen Mentees bei entsprechender Würdigung und positiver Resonanz, zunehmend auch bei anderen Terminen zeitliche Vorgaben besser einzuhalten. Im Mentoring gilt es abschließend zu klären, welcher Entwicklungsschritt der geeignete für Mentees und ihr professionelles Umfeld ist und auf welchem Weg sie diese Zieltugend am besten mit smarten Zielen Schritt für Schritt erreichen können.

6.4 Das Mentoring beschließen

Am Ende eines jeden Mentoring-Treffens sollten Mentorinnen, Mentoren und ihre Mentees gemeinsam die Inhalte, wichtige Erkenntnisse und Ziele oder Vereinbarungen gemeinsam festhalten. Das rundet das Gespräch ab und erleichtert es Mentees, das schriftliche Kurzprotokoll zu verfassen. Falls es nicht schon während des Gespräches erfolgt ist, sollten die Ziele der Mentees abschließend einem **Reality Check** unterzogen werden und Ideen gesammelt werden, wie dem Mentee die **Transfersicherung** in den beruflichen Alltag gelingen kann.

Reality Check und Transfersicherung

- **Fragen zur Prüfung der Realisierbarkeit:**
  - Wie realistisch (auf einer Skala zwischen 0 und 100 %) erscheint es Ihnen, Ihr Ziel zu erreichen?
  - Was ist dazu unbedingt erforderlich/unabkömmlich? Wie können Sie dies sicherstellen?
  - Welche Stolpersteine/Fallstricke könnten Ihnen begegnen? Wie würden Sie mit diesen umgehen?
- **Fragen zur Transfersicherung:**
  - Wie wollen Sie dieses Teilziel erreichen? Wie müssten Sie sich wann wem gegenüber in welcher Situation verhalten?
  - Wann wollen Sie den ersten Schritt machen? Was genau wollen Sie tun?

- Wo werden Sie Ihre Erkenntnisse von heute einsetzen? Was bedeutet dies konkret für diese Situation/diesen Bereich?
- Wer wird zuerst merken, dass Sie etwas machen? Woran kann er/sie dies festmachen?
- Wem könnten Sie davon erzählen? Mit wem könnten Sie dies einmal gemeinsam ausprobieren in Ihrem Job?
- Wer kann Sie daran erinnern, wenn Sie es (einmal) vergessen?

Beim letzten Mentoring-Treffen im Programm gilt es zudem, das Ende des gemeinsamen Prozesses einzuläuten und sich gebührend voneinander zu verabschieden – auch wenn es für Mentoren verlockend sein kann, das Mentoring inoffiziell weiterzuführen („Kommen Sie gerne wieder vorbei, wenn Sie irgendetwas haben …"), insbesondere wenn es positiv verlaufen ist. Dennoch sollten Mentorinnen und Mentoren ihren Mentees durch den Abschied signalisieren, dass die Weichen für die berufliche Entwicklung gut gestellt sind und sie Zutrauen darin haben, dass die Mentees ihren Weg auch ohne die weitere Begleitung machen werden. Es sei denn, es sind im Mentoring noch Themen offengeblieben oder es haben sich in den letzten Tandems noch Themen aufgetan, von denen beide den Eindruck haben, diese noch angehen zu müssen. Ist dies der Fall, sollte die Programmleitung verständigt werden, damit andere Mentees nicht durch diese „Sonderbehandlung" irritiert sind und der Abschied nicht auf unbestimmte Zeit verschoben wird.

In dem letzten Treffen sollten Mentee und Mentorin oder Mentor gemeinsam zusammenfassen, was in den Tandems besprochen und alles umgesetzt worden ist. Diese Bilanz soll konstruktiv das Erlebte und Geschehene würdigen, auch wenn nicht alle ursprünglichen Ziele und Erwartungen realisiert werden konnten. Mentorin oder Mentor und Mentee können sich bei ihrem Gegenüber dafür bedanken, was ihnen weitergeholfen hat und was sie am anderen schätzen. Auch Impulse, was schwierig oder wenig hilfreich war, können wertvolle Erkenntnisse sein, aus denen Mentorin oder Mentor und Mentee für die Zukunft lernen können. Schließlich sollten beide besprechen, in welcher Form sie sich voneinander verabschieden wollen (z. B. Händedruck, Umarmung, gemeinsam Cappuccino in der Cafeteria trinken), wie sie sich in Zukunft begegnen wollen und welche Unterschiede zu ihrer Mentoring-Beziehung bestehen werden. So können Mentorinnen und Mentoren durchaus signalisieren, dass ihre Tür für den oder die Mentee offen ist, dies aber für andere Mitarbeiterinnen und Mitarbeiter genauso gilt. Gegebenenfalls gilt es auch zu klären, ob möglicherweise andere Personen im Unternehmen darüber informiert werden sollten, dass der Mentee nun nicht mehr „in der Obhut“ des Mentors, sondern ganz auf eigenen Füßen steht. Manchmal entwickeln sich auch aus Mentoring Beziehungen langjährige berufliche und private Freundschaften. Diese liegen dann außerhalb des Einflusses des ursprünglichen Mentoring Programms, zeigen aber, welche Potenzial und positive Langzeitwirkung Mentoring als Entwicklungstool haben kann.

Toolkit: So gelingt Ihr Mentoring 7

7.1 Phasen des Mentoring-Tandems sind beispielhaft als Prozess dargestellt (siehe Abb. 7.1)

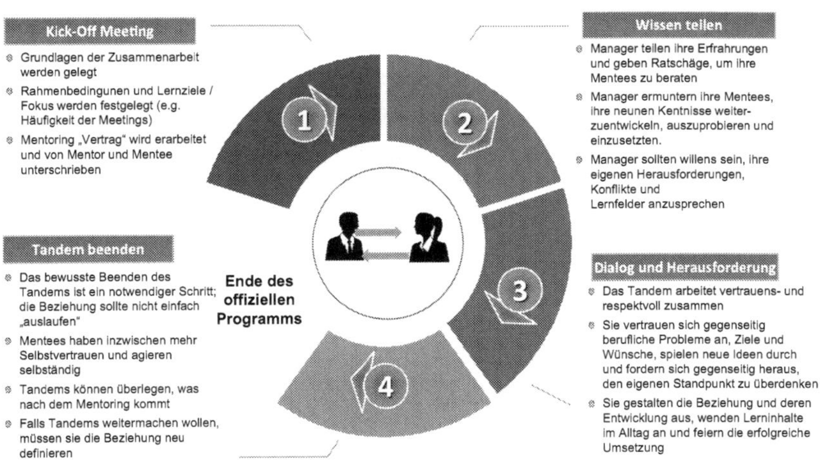

Abb. 7.1 Phasen des Mentoring Tandems. (Quelle: eigene Darstellung angelehnt an Tracom 2007)

U. Rademacher und U. Weber, *Mentoring im Talent Management*,
DOI 10.1007/978-3-658-16584-0_7

7.2 Bewerbung: Fragebogen für Mentees

Was ist Ihnen wichtig?

Als Teil Ihres Seminars (Name des Programms)/als Teil Ihrer Entwicklung bieten wir Ihnen die Möglichkeit an, sich für Mentoring zu bewerben. Dieses Mentoring-Programm unterstützt Ihre persönliche und berufliche Entwicklung.

Nach unserem Verständnis ist Mentoring eine Form der freiwilligen Unterstützung bei der beruflichen und persönlichen Entwicklung, die auf einer Beziehung von zwei Personen beruht, die sich austauschen und unterstützen: eine erfahrene Person (die Mentorin/der Mentor) gibt ihre Expertise und ihre Erfahrungen weiter, um die Entwicklung einer anderen Person (des Mentees/der Mentee) zu unterstützen.

Um unsere Strategie der vernetzten Organisation zu unterstützen, werden wir versuchen, Mentorinnen und Mentoren mit Mentees aus unterschiedlichen Geschäftsbereichen zu matchen. Die meisten Mentorinnen und Mentoren werden auf der Ebene Bereichsleiter/-in sein.

Bitte senden Sie uns Ihre Bewerbung, wenn Sie mit einem Mentor/einer Mentorin aus unserem Unternehmen zusammenarbeiten wollen. Stellen Sie bitte dar, warum Sie an dem Programm teilnehmen sollten. Bitte beantworten Sie die folgenden Fragen in Ihrer Bewerbung.

1. Was möchten Sie durch eine Teilnahme an dem Mentoring-Programm erreichen?
2. Wie sind dieses Ziel/diese Wünsche mit Ihrer beruflichen Entwicklung verbunden?
3. Auf welche (beruflichen) Kompetenzen würden Sie gern im Mentoring den Fokus legen?
4. Gibt es besondere Aktivitäten, die Sie im Mentoring durchführen möchten?
5. Haben Sie Einschränkungen oder besondere Präferenzen, die wir bei dem Matching mit einem Mentor/einer Mentorin berücksichtigen sollten?
6. Nehmen Sie an Coaching oder anderen Maßnahmen teil?
7. Haben Sie schon einmal an einem Mentoring-Programm teilgenommen? Wenn ja, was würden Sie aufgrund Ihrer Erfahrungen wieder genauso und was anders machen?

Quelle: In Anlehnung an Tracom (2007) und Wahlen und Weber (2007).

7.3 Checkliste: Selbstevaluation für Mentoren

Sind Sie bereit für Mentoring?

Zur Förderung unserer Nachwuchskräfte bieten wir ein Mentoring-Programm an. Maßgeblich für das Gelingen ist die Bereitschaft von erfahrenen Managern, dieses Programm zu unterstützen. Wir laden Sie ein, als Mentor/Mentorin daran teilzunehmen. So fördern Sie nicht nur die persönliche und berufliche Entwicklung der Nachwuchskräfte, sondern helfen ihnen, Lerninhalte von Führungskräftetrainings in der Praxis umzusetzen.

Nach unserem Verständnis ist Mentoring eine Form der **freiwilligen** Unterstützung.

Um für sich zu entscheiden, ob Sie als Mentor/in aktiv werden möchten, bitten wir Sie, folgende Fragen zu beantworten:

1. Unterstützen Sie und coachen Sie gern andere in ihrer persönlichen und beruflichen Entwicklung?
2. Arbeiten Sie gern mit unterschiedlichen Personen und Persönlichkeiten zusammen?
3. Haben Sie langjährige und umfassende Erfahrungen im Management?
4. Fällt es Ihnen leicht, konstruktives Feedback geben?
5. Wie gut kennen Sie unser Unternehmen? Wie gut sind Sie im Unternehmen vernetzt? Sind Sie gut mit der Unternehmenskultur vertraut?
6. Wie viel Zeit können Sie sich für Mentoring im Monat nehmen? Können Sie ca. 2 h pro Monat für Mentoring einsetzen?

Wenn Sie mehr als 2 Fragen mit „Nein“ beantwortet haben, bieten wir Ihnen an, in einem persönlichen Gespräch mit der Programmleitung zu besprechen, inwieweit die Übernahme von Mentoring momentan zu Ihrem Profil passt.

Quelle: In Anlehnung an Tracom (2007) und Wahlen und Weber (2007).

7.4 Mentoring-Vertrag

Eine Frage der Abmachung

Als Teil Ihres Seminars/Entwicklungsplans bieten wir Ihnen an, an einem Mentoring-Programm teilzunehmen, um Ihre persönliche Entwicklung und die Umsetzung Ihrer Lernziele zu unterstützen.

Um den Nutzen des Mentoring-Programms für Sie zu maximieren, bitten wir Sie und Ihren Mentor/Ihre Mentorin, Ihre Erwartungen, Ihre persönlichen Ziele und die Rahmenbedingungen abzustimmen. Dann unterschreiben Sie bitte diese Abmachung und nutzen sie zur regelmäßigen Überprüfung Ihrer langfristigen Ziele und der Erreichung von Meilensteinen.

Wir empfehlen auch, dass Sie Ihre *beruflichen* Ziele und Wünsche mit Ihrem Vorgesetzten besprechen. So kann sichergestellt werden, dass die Ziele des Mentoring und die Ziele Ihres allgemeinen Entwicklungsplans, der im Rahmen der jährlichen Leistungsbeurteilung erstellt wird, sich sinnvoll ergänzen. Ebenso können Sie Ihre Leistungsbeurteilung und Ihren allgemeinen Entwicklungsplan in das Mentoring einbringen. Jegliches Offenlegen von Mentoring- und/oder allgemeinen Entwicklungszielen ist jedoch freiwillig.

Mentoring-Vertrag zwischen .... und ....

Ziel
Wir gehen freiwillig eine Beziehung ein zur Förderung der beidseitigen Entwicklung. Wir wollen die Zeit, die wir miteinander verbringen, sinnvoll und ergebnisorientiert nutzen. Wir haben uns auf die folgenden Ziele und Struktur für unsere Mentoring-Beziehung verständigt.

☐ *Fokus und Ziele*
- ***Auf welche Themen legen Sie Ihren Schwerpunkt?***
- ***Welche Ziele des Mentoring haben Sie abgestimmt?***

1. ______________________________
2. ______________________________
3. ______________________________
4. ______________________________

☐ *Hindernisse*
- ***Was könnten Herausforderungen für eine erfolgreiche Mentoring-Beziehung, Ihren Fokus und Ziele sein? Wie werden Sie diese bewältigen?***

____
____
____

☐ *Planung*
- ***Start / Geplantes Ende des Mentoring (Datum)*** ______________________________
- ***Freq. / Länge der Meetings*** ______________________________
- ***Ort der Meetings***
- ***Verantw. für Koordinierung*** ______________________________

☐ *Richtlinien/Werte*
- ***Was sind die Richtlinien/ Werte, auf die Sie sich gemeinsam für Ihre Mentoring-Beziehung verständigt haben?***

____
____

☐ *Beenden der Beziehung*
(nach dem Mentoring auszufüllen)
- ***Wie führen Sie Ihre Entwicklung nach dem Ende des offiziellen Mentoring-Programms weiter?***

____
____
____

Unterschrift Mentor/in: **Unterschrift Mentee:**
Datum:

Quelle: In Anlehnung an Tracom (2007) und Wahlen und Weber (2007).

7.5 Kurzinfo: Mentoring

Mentoring ist ein wichtiger Bestandteil von Leadership und ein wichtiges Verfahren, um Entwicklung, Wachstum und Professionalität unserer Mitarbeiterinnen und Mitarbeiter zu fördern. Von Mentoring profitieren alle Seiten: sowohl Mentorinnen und Mentoren als auch der/die Mentee und das Unternehmen. Mentoring basiert auf Vertraulichkeit, Vertrauen, Respekt für die andere Person und der Bereitschaft, persönliche Informationen zu offenbaren.

I. **Ziele von Mentoring**
   - Interne Talente entwickeln und binden/halten
   - Eine Firmenkultur stärken, die Coaching und Entwicklung fördert
   - Fähigkeiten der Führungskräfte zu Coaching und Mitarbeiterentwicklung weiter ausbilden
   - Managementkompetenzen/Unternehmensleitbild/Werte/Vision implementieren
   - Zusammenarbeit und vernetztes Denken stärken
   - Förderung der „Lernenden Organisation" und Wissenstransfer
   - Externe Talente anziehen, das Unternehmen als attraktiven Arbeitgeber positionieren

II. **Grundregeln des Mentoring**

   Mentorinnen und Mentoren sollen auf die Wünsche und Bedürfnisse des Mentee eingehen, jedoch gibt es ein paar Grundregeln, denen alle Beteiligten folgen sollten.

   1. **Verschwiegenheit und Vertrauen**

      Mentoring ist eine vertrauliche Beziehung zwischen zwei Personen mit dem Wunsch, sich persönlich und beruflich weiterzuentwickeln. Beide Parteien sollten beherzigen, dass die Inhalte des Mentoring absolut vertraulich sind. Keinerlei Informationen sollten ohne die explizite Zustimmung des anderen weitergegeben werden, auch wenn dies vermeintlich im Interesse des anderen ist.

   2. **Unterschied zwischen Coaching und Mentoring**

      Coaching ist eine kurzzeitige und aufgabenbezogene Maßnahme. Der Fokus liegt auf einer konkreten, beruflichen Herausforderung, wie z. B. effektiv zu führen oder Strategien zu entwickeln und umzusetzen. Meist wird es von speziell dazu ausgebildeten professionellen Coaches durchgeführt.

Mentoring ist ein „geschützter Raum“, in dem Mentees über alles sprechen können, was Auswirkungen auf ihren beruflichen und persönlichen Erfolg hat. Auch wenn bestimmte Lernziele oder das Erlernen von Kompetenzen einen Teil des Mentoring ausmachen, geht die Zusammenarbeit deutlich darüber hinaus und umfasst auch „persönliche“ Themen wie z. B. Work-Life Balance, Karriereentscheidungen, Selbstvertrauen, Selbstwahrnehmung und deren Auswirkung im beruflichen Kontext.

3. **Anzahl der Tandems pro Mentor**
   Es wird empfohlen, dass jeder Mentor und jede Mentorin nicht mehr als drei Mentees gleichzeitig hat.
4. **Mentoring ist keine Leistungsbeurteilung**
   Im Mentoring geht es um das persönliche Wachstum und die berufliche Entwicklung von Mentees. Es handelt sich nicht um eine Leistungsbeurteilung und ist nicht mit der jährlichen Leistungsbeurteilung in irgendeiner Form verbunden. Den Mentees steht es frei, die eigene Leistungsbeurteilung und den eigenen Entwicklungsplan zum Gegenstand des Mentoring zu machen, jedoch ist dies eine freiwillige und individuelle Entscheidung.

Haben Sie noch Fragen oder Anmerkungen? Dann wenden Sie sich bitte an die Programmleitung: (Kontaktdaten)

Quelle: In Anlehnung an Wahlen und Weber (2007).

Literatur

Allen, T. D. (2007). Mentoring relationships from the perspective of the mentor. In B. R. Ragins & K. E. Kram (Hrsg.), *The Handbook of Mentoring at Work: Theory, Research, and Practice* (S. 123–147). Thousand Oaks: Sage Publications.

Allen, T. D., & Eby, L. T. (2003). Relationship effectiveness for mentors: Factors associated with learning and quality. *Journal of Management, 29,* 469–486.

Allen, T. D., & Eby, L. T. (2008). Mentor commitment in formal mentoring relationships. *Journal of Vocational Behavior, 61,* 309–16.

Allen, T. D., & Eby, L. T. (Hrsg.). (2010). *The Blackwell Handbook of Mentoring: A Multiple Perspectives Approach.* Malden: Blackwell.

Allen, T. D., Eby, L. T., Poteet, M. L., Lentz, E., & Lima, L. (2004). Career benefits associated with mentoring for protégés: A meta-analysis. *Journal of Applied Psychology, 89,* 127–136.

Allen, T. D., Day, R., & Lentz, E. (2005). The role of interpersonal comfort in mentoring relationships. *Journal of Career Development, 31*(3), 155–169.

Allen, T. D., Finkelstein, L. M., & Poteet, M. (2009). *Designing workplace mentoring programs: An evidence based approach.* Chichester: Wiley-Blackwell.

Alred, G., Garvey, B., & Smith, R. (1998). *The mentoring pocketbook.* Alresford: Management Pocketbooks Ltd.

Anastasiadis, M., & Thimm, C. (2011). *Bonner Beiträge zur Medienwissenschaft: Bd. 11. Social Media: Theorie und Praxis digitaler Sozialität.* Frankfurt a. M.: Lang.

Argyris, C., & Schön, D. A. (1999). *Die lernende Organisation: Grundlagen. Methode, Praxis.* Stuttgart: Schaeffer-Poeschel. Englische Ausgabe: *Organizational learning II: Theory, method, and practice* (Übers. von Wolfgang Rhiel). Stuttgart: Klett-Cotta.

Baumeister, R. F., & Vohs, K. D. (2004). *Handbook of Self-Regulation.* New York: Guilford Press.

BCG/WFPMA. (2012). *Creating people advantage 2012. Mastering HR challenges in a two-speed world.* https://www.bcgperspectives.com/content/articles/people_management_human_resources_leadership_creating_people_advantage_2012/. Zugegriffen: 30. März 2017.

Becker, M. (2009). *Personalentwicklung. Bildung, Föderung und Organisationsentwicklung in Theorie und Praxis.* Stuttgart: Schaeffer-Poeschel.

U. Rademacher und U. Weber, *Mentoring im Talent Management*,
DOI 10.1007/978-3-658-16584-0

Becker, M. (2011). *Systematische Personalentwicklung: Planung, Steuerung und Entwicklung im Funktionszyklus*. Stuttgart: Schaeffer-Poeschel.

Berne, E. (2006). *Die Transaktionsanalyse in der Psychothereapie* (Bd. 2). Paderborn: Junfermannsche Verlagsbuchhandlung.

Blickle, G., & Schneider, P. B. (2007). Mentoring. In H. Schuler & K. Sonntag (Hrsg.), *Handbuch der Psychologie: Arbeits-und Organisationspsychologie* (S. 395–402). Göttingen: Hogrefe.

Casciaro, T., & Sousa Lobo, M. (2005). Competent jerks, lovable fools, and the formation of social networks. *Harvard Business Review, 2005*(6), 92–99.

CE/MPI. (1995). The route to the top. (n.d.). *The free library*. (2014). http://www.thefreelibrary.com/The+route+to+the+top.-a017797183. Zugegriffen: 16. Juli 2017.

CEB Corporate Leadership Council. (2002). Learning and development roundtable. emerging mandates for the learning and development function. https://clc.executiveboard.com/Public/Default.aspx. Zugegriffen: 20. Juni 2015.

CEB Corporate Leadership Council. (2003). Fact brief: Tools for executives in mentoring programs. https://clc.executiveboard.com/Public/Default.aspx. Zugegriffen: 20. Juni 2015.

CEB Cororate Leadership Council. (2004a). Driving employee performance and retention through engagegment. https://clc.executiveboard.com/Public/Default.aspx. Zugegriffen: 20. Juni 2015.

CEB Corporate Leadership Council. (2004b). Mentoring program structure and tools. https://clc.executiveboard.com/Public/Default.aspx. Zugegriffen: 20. Juni 2015.

CEB Corproate Leadership Council. (2005). Mentoring: From theory to action. https://clc.executiveboard.com/Public/Default.aspx. Zugegriffen: 20. Juni 2015.

Chatmann, J. A., & Eunyoung Cha, S. (2003). Leading by leveraging culture. *California Management Journal, 45,*19–34.

CIPD. (2006). *Talent management: Understanding the dimensions*. London: Chartered Institute of Personnel & Development. http://www2.cipd.co.uk/NR/rdonlyres/6101AA06-F0C7-4073-98DA-758E91C718FC/0/3832Talentmanagement.pdf. Zugegriffen: 30. Nov. 2016

CIPD. (2015). *Talent management: An overview. Factsheet*. London: Chartered Institute of Personnel & Development. http://www.cipd.co.uk/hr-resources/factsheets/talent-management-overview.aspx. Zugegriffen: 3. Okt. 2016.

CIPD. (2017). *Coaching and mentoring. Factsheet*. London: Chartered Institute of Personnel & Development. https://www.cipd.co.uk/knowledge/fundamentals/people/development/coaching-mentoring-factsheet. Zugegriffen: 16. Juli 2017.

CIPD & Penna. (2008). *Gen up: How the four generations work*. London: Chartered Institute of Personnel & Development. http://www2.cipd.co.uk/NR/rdonlyres/25DA52DE-F120-4579-AFE3-564C8801425D/0/genuphowfourgenerationswork.pdf. Zugegriffen: 16. Juli 2017.

Clutterbuck, D. (2014). *Everyone needs a mentor*. London: CIPD.

Clutterbuck, D., & Megginson, D. (1999). *Mentoring executives and directors*. Oxford: Butterworth-Heinemann.

Crawford, C. J. (2010). *Manager's guide to mentoring*. New York: McGrawHill.

Cuerrier, C. (2003). *Starting point for mentoring*. Quebec: Les Editions de la Fondation de L'entrepreneurship.

Dallwitz-Wegner, D. (2016). *Unternehmen positiv gestalten. Einstellungs- und Verhaltensänderung als Schlüssel zum Unternehmenserfolg*. Wiesbaden: Springer Gabler.

Dolff, M., & Hanssen, K. (2002). *Mentoring: Internationale Erfahrungen und Ansätze in der Praxis. Ergebnisse einer Literaturanalyse*. Düsseldorf: Ministerium für Frauen, Jugend, Familie und Gesundheit des Landes Nordrhein-Westfalen.

Eby, L. T. (2007). Understanding relational problems in mentoring: A review and proposed investment model. In B. R. Ragins & K. E. Kram (Hrsg.), *The Handbook of Mentoring at Work: Theory, Research, and Practice* (S. 323–344). Thousand Oaks: Sage Publications.

Ensher, E. A., & Murphy, S. E. (2007). E-mentoring: Next-generation research strategies and suggestions. In B. R. Ragins & K. E. Kram (Hrsg.), *The Handbook of Mentoring at Work: Theory, Research, and Practice* (S. 299–322). Los Angeles: Sage Publications.

Falk, S. (2007). *Personalentwicklung, Wissensmanagement und lernende Organisation in der Praxis* (Bd. 2). Mering: Hampp.

Garvey, R., & Westlander, G. (2013). Training mentors – Behaviors which bring positive outcomes in mentoring. In J. Passmore, D. B. Peterson, & T. Freire (Hrsg.), *The Wiley-Blackwell Handbook of the Psychology of Coaching and Mentoring* (S. 241–261). New York: Wiley.

Garvey, R., Stokes, P., & Megginson, D. (2014). *Coaching and mentoring: Theory and practice*. London: Sage Publications.

Gentry, W. A. (2015). Mentoring for leadership development. In D. Riddle, E. R. Hoole, & E. C. D. Gulette (Hrsg.), *Center for Creative Leadership Handbook of Coaching in Organizations* (S. 347–382). San Francisco: Jossey-Bass.

Gentry, W. A., Weber, T. J., & Sadri, G. (2008). Examining career-related mentoring and managerial performance across cultures: A multilevel analysis. *Journal of Vocational Behavior, 72,* 241–253.

Gerstenmaier, J., & Mandl, H. (2011). Intergenerative Wissenskommunikation in Betrieben und Organisationen. In J. Gerstenmaier & H. Mandl (Hrsg.), *Bildung der Generationen* (S. 125–134). Wiesbaden: VS Verlag.

Ghosh, R. (2013). Mentors providing challenge and support. Integrating concepts from teacher mentoring in education and organizational mentoring in business. *Human Resource Development Review, 12*(2), 144–176.

Gibb, S. (1994). Inside corporate mentoring schemes: The development of a conceptual framework. *Personnel Review, 23*(3), 47–60.

Graf, N., & Edelkraut, F. (2014). *Mentoring. Das Praxisbuch für Personalverantwortliche und Unternehmer*. Wiesbaden: Springer.

Grüter, N. (2008). Wirkaspekte von Outdoor Trainings. In W. Aretz & K. Mierke (Hrsg.), *Aktuelle Themen der Wirtschaftspsychologie: Beiträge und Studien* (Bd. 1, S. 138). Köln: Kölner Wissenschaftsverlag.

Haasen, N. (2001). *Mentoring. Persönliche Karriereförderung als Erfolgskonzept*. München: Heyne.

Hackman, J. R., & Oldham, G. R. (1975). Development of a job diagnostic survey. *Journal of Applied Psychology, 60,*159–170.

Hawkins, P., & Smith, N. (2006). *Coaching, mentoring and organizational consultancy. supervision and development*. Maidenhead: Open University Press.

Hay, J. (2011). Using transactional analysis in coaching supervision. In T. Bachkirova, P. Jackson, & D. Clutterbuck (Hrsg.), *Coaching and mentoring supervision: Theory and practice: The complete guide to best practice* (S. 144–154). Maidenhead: McGraw Hill Open University Press.

Heckhausen, H., & Gollwitzer, P. M. (1987). Thought contents and cognitive functioning in motivational versus volitional states of mind. *Motivation and Emotion, 11*(2), 101–120. doi:10.1007/BF00992338.

Heyse, J., & Erpenbeck, J. (2009). *Komptenztraining*. Stuttgart: Schaeffer-Poeschel.

Holste, J. H. (2012). *Arbeitgeberattraktivität im demographischen Wandel*. Wiesbaden: Springer Gabler.

Homer. Ilias. Odyssee. (1990). Berlin: Suhrkamp Insel (Übers., J. H. Voß).
Hüther, G. (2011). *Was wir sind und was wir werden könnten*. München: Piper.
Iftf. (2011). Future Work Skills 2020. http://www.iftf.org/uploads/media/SR-1382A_UPRI_future_work_skills_sm.pdf. Zugegriffen: 12. Apr. 2017.
ILM. (2013). *Beyond the bonus: Driving employee performance*. London: ILM. https://www.i-l-m.com/~/media/ILM%20Website/Downloads/Insight/Reports_from_ILM_website/ILM-BeyondTheBonus-Oct13.ashx. Zugegriffen: 16. Juli 2017.
Kienbaum Communications. (2010) *Absolventenstudie 2009/2010*. Gummersbach: Kienbaum. http://www.lebensmittelzeitung.net/studien/pdfs/139.pdf. Zugegriffen: 9. Marz 2015.
Kienbaum Institut@ISM. (2015). Absolventen 2015 unter die Lupe genommen: Ziele, Wertvorstellungen und Karriereorientierung der Generation Y. http://www.kienbaum-institut-ism.de/fileadmin/user_data/veroeffentlichungen/kienbaum_institut_ism_studie_absolventen_08_2015.pdf. Zugegriffen: 12. Juli 2016.
Kirkpatrick, D. L. (1999). *Evaluating training programs*. San Francisco: Berrett-Koehler.
Korsmeier, S. (2009). Kollegiale Fallberatung. In M. Schwemmle & B. Schmid (Hrsg.), *Systemisch beraten und steuern live – Modelle und Best Practices in Organisationen*. Göttingen: Vanderhoeck & Ruprecht.
Kram, K. E. (1985). *Mentoring at work. Developmental relationships in organizational life*. Glenview: Scott Foresman.
Künzel, H. (2014). *Erfolgsfaktor Employer Branding. Mitarbeiter binden und die Gen Y gewinnen*. Heidelberg: Springer.
Leonhardt, W. (1991). Das Mitarbeitergespräch als Alternative zu formalisierten Beurteilungssystemen. In H. Schuler (Hrsg.), *Beurteilung und Förderung beruflicher Leistung* (S. 91–105). Stuttgart: Verlag für angewandte Psychologie.
Locke, E. A., & Latham, G. P. (2013). *New developments in goal setting and task performance*. New York: Routledge.
Liebhart, U., & Stein, D. (2016). *Professionelles Mentoring in der betrieblichen Praxis. Entscheidungsgrundlagen und Erfolgsfaktoren*. Freiburg: Haufe.
Luft, J., & Ingham, H. (1961). The johari window. *Human Relations Training News, 5*(1), 6–7.
McKinney, B. L. (2011). *Therapist's perceptions of walk and talk therapy: A grounded study*. University of New Orleans Thesis and Dissertations.
Mendelow, A. L. (1991). Environmental scanning: The impact of the stakeholder concept. In *Proceedings from the second international conference on information systems*. Cambridge.
Miller, A. (2007). Best Practices for Formal Youth Mentoring. In T. D. Allen & L. T. Eby (Hrsg.), *Blackwell Handbook of Mentoring. A Multiple Perspectives Approach*. Oxford: Blackwell.
Mischel, W. (1974). Processes in delay of gratification. *Advances in Experimental Social Psychology, 7,* 249–292.
Mischel, W. (2015). *Der Marshmallow-Test: Willensstärke, Belohnungsaufschub und die Entwicklung der Persönlichkeit*. München: Siedler.
Molinsky, A. L. (2015). Erfahrung macht noch keinen Mentor. *Harvard Business Manager*. www.harvardbusinessmanager.de/blogs/was-einen-guten-mentor-ausmacht-a-1019996.html. Zugegriffen: 12. Juli 2016.
Moreno, J. L. (1967). *Die Grundlagen der Soziometrie*. Wiesbaden: Springer.
Nowoczin, J. (2015). *Leadership Challenge – Von den Herausforderungen an die Führungskultur der Zukunft*. Wiesbaden: Springer.

O'Brien, K. E., Biga, A., Kessler, S. R., & Allen, T. D. (2010). A meta-analytic investigation of gender differences in mentoring. *Journal of Management, 36,* 537–554.

Parment, A. (2013). *Die Generation Y – Mitarbeiter der Zukunft motivieren, integrieren, führen*. Wiesbaden: Springer.

Pearce, C. L., & Conger, J. A. (2002). *Shared leadership: Hows and whys of leadership*. Thousand Oaks: Sage Publications.

Phillips, J. J., & Phillips, P. P. (2016). *Handbook of Training Evaluation and Measurement Methods*. London: Routledge.

Phillips, J. J., Phillips, P. P., & Ray, R. (2011). *Measuring leadership development*. New York: McGraw Hill.

Rademacher, U. (2014). *Leichter führen und besser entscheiden: Psychologie für Manager*. Wiesbaden: Springer Gabler.

Radermacher, S. (2014). Die Herausforderungen des Employer Brandings. In H. Künzel (Hrsg.), *Erfolgsfaktor Employer Branding – Mitarbeiter binden und die Gen Y gewinnen* (S. 1–17). Berlin: Springer.

Rennhak, C., & Nufer, G. (2010). Herausforderungen für Hochschulen und Unternehmen durch die Generation Y – Zumutungen und Chancen durch die neue Generation Studierender und Arbeitnehmer, Reutlingen: ESB Business School.

Rhoades, L., & Eisenberger, R. (2002). Perceived organizational support: A review of the literature. *Journal of Applied Psychology, 87,* 698–714.

Ritz, A., & Thom, N. (2011). *Talent Management. Talente identifizieren, Kompetenzen entwickeln, Leistungsträger erhalten*. Wiesbaden: Springer Gabler.

Rotering-Steinberg, S. (2009). Unterschiede und Gemeinsamkeiten von Coaching und Mentoring. In H. Stöger, A. Ziegler, & D. Schimke (Hrsg.), *Mentoring: Theoretische Hintergründe, empirische Befunde und praktische Anwendungen* (S. 31–51). Lengerich: Pabst Science Publishers.

Rump, J., & Walter, N. (Hrsg.). (2013). *Arbeitswelt 2030*. Stuttgart: Schaeffer-Poeschel.

Ruthus, J. (2013). *Employer of Choice der Generation Y*. Wiesbaden: Springer Gabler.

Sattelberger, T. (7. November 2013). Binden, ohne zu ketten. *Die Zeit*, 46.

Schacherl, I. (2011). Evaluierung der Mentoring-Maßnahme der Frauenakademie München für den Zeitraum 2001–2007. http://www.frauenakademie.de/images/mentoring-studie_2010.pdf. Zugegriffen: 16. Juli 2017.

Schein, E. H. (1995). *Unternehmenskultur*. Frankfurt a. M.: Campus.

Schell-Kiehl, I. (2007). *Mentoring: Lernen aus Erfahrung. Biorgrafisches Lernen im Kontext gesellschaftlicher Transformationsprozesse*. Bielefeld: Bertelsmann.

Schmid, B. (2001). *Professionelle Begegnung und Persönlichkeitsentwicklung im Beruf – Eine systemische Sicht*. Heidelberg: Carl-Auer.

Schmid, B., & Haasen, N. (2011). *Einführung in das systemische Mentoring*. Heidelberg: Carl-Auer.

Schulz von Thun, F. (2013). *Miteinander reden 2. Stile, Werte und Persönlichkeitsentwicklung: Differentielle Psychologie der Kommunikation*. Reinbek: Rowohlt.

Senge, P. M. (2006). *The fifth discipline: The art and practice of the learning organization*. New York: Currency Doubleday.

Shore, N. (15. March 2012). Turning On The No-Collar Workforce. *MediaDailyNews*. http://www.mediapost.com/publications/article/170109/turning-on-the-no-collar-workforce.html. Zugegriffen: 16. Juli 2017.

Stokes, P., & Merrick, L. (2013). Designing mentoring schemes for organizations. In J. Passmore, D. B. Peterson, & T. Freire (Hrsg.), *The Wiley-Blackwell Handbook of the Psychology of Coaching and Mentoring* (S. 197–216). New York: Wiley.

Thaler, R. H., & Sunstein, C. R. (2009). *Nudge. Improving decisions about health, wealth, and happiness*. London: Penguin.

Thiele, S. (2009). *Work-Life-Balance zur Mitarbeiterbindung: Eine Strategie gegen den Fachkräftemangel*. Hamburg: Diplomica.

Thimm, C. (2005). *Bonner Beiträge zur Medienwissenschaft: Netzbildung: Lehren und Lernen mit Neuen Medien in Wirtschaft und Wissenschaft*. Frankfurt a. M.: Lang.

Thimm, C., & Wehmeier, S. (2007). *Bonner Beiträge zur Medienwissenschaft: Bd. 8. Organisationskommunikation online: Grundlagen, Fallbeispiele, empirische Ergebnisse*. Frankfurt a. M.: Lang.

Tong, C., & Kram, K. E. (2013). The efficacy of mentoring – The benefits for mentees, mentors, and organizations. In: J. Passmore, D. B. Peterson, & T. Freire (Hrsg.), *The Wiley-Blackwell Handbook of the Psychology of Coaching and Mentoring* (S. 217–242). New York: Wiley.

Tonindandel, S., Avery, D. R., & Phillips, M. G. (2007). Maximizing returns on mentoring: Factors affecting subsequent protégé performance. *Journal of Organizational Behavior, 28*(1), 89–110.

TowersWatson. (2014). *Global workforce study 2014: At a glance*. New York: TowersWatson. http://www.towerswatson.com/en/Insights/IC-Types/Survey-Research-Results/2014/08/the-2014-global-workforce-study. Zugegriffen: 16. Juli 2017.

Tracom. (2007). Mentoring Process Overview. Unveröffentlichte Unterlage zu einem Mentoring Programm.

Umbach, C. (2000). *Die Bedeutung der Einstellung zur Arbeit für Individuum und Organisation: Eine multidisziplinäre Analyse vor historischem Hintergrund*. Herzogenrath: Shaker.

Underhill, C. M. (2006). The effectiveness of mentoring programs in corporate settings: A meta-analytical review of the literature. *Journal of Vocational Behavior, 68*, 292–307.

Wahlen, J., & Weber, U. (2007). Mentoring Booklet. Unveröffentlichte Unterlage zu einem Mentoring Programm.

Weber, R. (2013). Leading Generations – Why and how – Ein Ratgeber von SKO Schweizer Kader Organisation. https://www.google.de/url?sa=t&rct=j&q=&esrc=s&source=web&cd=3&ved=0ahUKEwjQ6ZW7gpPVAhVQKlAKHSRmAQsQFggwMAI&url=https%3A%2F%2Fwww.sko.ch%2Fmedia%2Fdownload%2F200&usg=AFQjCNH-o8n84SqsUAIQ6bX0MfDB27228Q. Zugegriffen: 18. Juli 2017.

Weber, U., & Rademacher, U. (2016). Angst vor Autonomieverlust. *Personalwirtschaft, 6*, 51–53.

Welk, S. (2013). *Die Bedeutung von Führung für die Bindung von Mitarbeitern. Ein Vergleich unterschiedlicher Führungsstile im Kontext der Generation Y*. Wiesbaden: Springer.

Wiese, B. S. (2015). Selbstmanagement im Arbeits- und Berufsleben. *Zeitschrift für Personalpsychologie, 7*, 153–169. doi:10.1026/1617-6391.7.4.153.

Witzki, A., & Blickle, G. (2012). Mentoring zu Beginn der beruflichen Entwicklung. Ergebnisse einer Längsschnittstudie. *Report Psychologie, 37*(7–8), 296–306.

WorldatWork. (2011). Total Rewards Model. http://www.csae.com/Portals/0/CSAE%202014/Anderson%20Handout%201.pdf. Zugegriffen: 16. Juli 2017.

Zey, M. G. (2002). *The mentor connection. Strategic alliances in corporate life*. Piscataway: Transaction Press.

Printed in France by Amazon
Brétigny-sur-Orge, FR

13360103R00085